HAND
TASCHEN

SOPHIE GACHET

HAND TASCHEN

Mit einem Vorwort von

INES DE LA FRESSANGE

PRESTEL
München · London · New York

INHALT

0 1 2 3 4 5 6 7 8 9
10 11 12 13 14 15 16
17 18 19 20 21 22 23

VORWORT

VON INES DE LA FRESSANGE

Handtaschen verraten sehr viel über die Person, die sie trägt. Sie spiegeln ihre Träume, aber auch ihre Lebenswirklichkeit wider.

Handtaschen scheinen geradezu eine magische Kraft zu besitzen, als ob dieses Accessoire nicht nur das äußere Erscheinungsbild verändern, sondern in die Person verwandeln würde, die man immer schon sein wollte.

Diese Sehnsucht nach Verwandlung, diese Traumvorstellung, diesen oft unvernünftigen Kauf versucht man mit praktischen Gründen, meist gegenüber denjenigen, mit denen man zusammenlebt, zu rechtfertigen, die sich über die Mengen an Handtaschen wundern, die sich in den Schränken stapeln und vor sich hin altern.

Das neue Luxusobjekt wird bald zu einem alltäglichen Gebrauchsgegenstand und gleichzeitig immer mehr über die Person aussagen, die sie trägt.

Denn eine Handtasche gibt sehr viel über die Persönlichkeit derer preis, die sie besitzen. Noch aussagekräftiger aber ist ihr Inhalt. Taschenmesser, Prospekte, Kekse, Sand vom letzten Strandurlaub … man kann in einer Handtasche alles Mögliche finden – aber auch, was seltener und noch rätselhafter ist: fast nichts.

Auf jeden Fall ist der Wunsch nach einer neuen Handtasche unbezwingbar – auch wenn diese in weniger als einer Woche mit ihrer Taschen-Vorgängerin identisch sein wird. Es ist uns nämlich unmöglich, die Art zu verändern, in der wir eine Handtasche befüllen oder wie wir mit ihr umgehen; es wäre ebenso schwierig, wie unsere Stimme oder unsere Vorlieben beim Essen zu ändern.

So toll, selten, begehrenswert, teuer oder schön die Handtaschen auch sein mögen: Früher oder später werden sie vernachlässigt, landen in der hintersten Schrankecke und werden vergessen, mit Ausnahme einiger weniger, die wir unser ganzes Leben lang behalten, pflegen, reparieren lassen, sorgsam verwahren und immer wieder herausholen. Von Objekten der Begierde werden sie zu Freunden.

MOSCHINO
NET 0,7 ML

DAS PERFEKTE ACCESSOIRE

Die Handtasche, das höchste Objekt der Begierde …
Eine Handtasche so sehr zu begehren, dass man alles dafür tut, um sie zu besitzen, zeigt, wie wichtig uns dieses Detail unseres Outfits sein kann. Die Hauptfunktion der Handtasche besteht darin, all das zu tragen, was wir bei uns haben wollen. Gleichzeitig ist die Handtasche aber auch ein Symbol dafür, wer wir sind. Ihr Inhalt sagt viel über unsere Persönlichkeit und unser Leben aus. Somit fasst eine Handtasche alle Aspekte unserer Selbstdarstellung zusammen. Sigmund Freud zufolge verrät unsere Handtasche unser innerstes Wesen. Sag mir, welche Handtasche du trägst, und ich sage dir, wer du bist … Elegante, kleine Handtasche oder burschikose Umhängetasche? Tasche mit wohlgeordnetem Innenleben oder eine Tragetasche, in die so viel wie möglich hineingestopft wird? Kate Middletons unauffällige Täschchen haben nichts mit Kim Kardashians glitzernden Designertaschen gemeinsam.

In diesem Buch geht es um die Handtasche als unentbehrliches Accessoire. Auf den folgenden Seiten können Sie jene Taschen bewundern, die Modegeschichte geschrieben haben: die 2.55 von CHANEL, die Kelly Bag von Hermès, die Speedy von Louis Vuitton, die Jackie von Gucci – all die Modelle, die man kennen muss, werden in diesem Buch vorgestellt. Aber auch all die anderen Marken-Taschen, die Zeugnisse höchster Kreativität sind. Und die Bestseller, die Generationen überdauern, ohne an Beliebtheit einzubüßen. Sie werden über jene Taschen lesen, die von großer modischer Bedeutung sind oder es noch sein werden, über ihre Entstehung und die Geschichte der jeweiligen Modehäuser. Egal, ob man selbst Taschen designt, sie einfach liebt, gar ein Handtaschenjunkie ist oder sich nur ein neues Modell zulegen möchte: Dies ist die ultimative Enzyklopädie zum Thema und bestätigt immer wieder: Die Handtasche macht den Stil!

ACNE STUDIOS SKANDINAVISCHE COOLNESS

»Perfektion ist langweilig.« **Jonny Johansson**

Die Geschichte: Die Acne Studios entstanden in Stockholm und beschränken sich nicht nur auf Mode, denn ihr Kreativdirektor Jonny Johansson begeistert sich für Fotografie, Kunst, Architektur und zeitgenössische Kultur. Eigentlich ist Acne Studios ein Kollektiv, das außer Konfektionsmode auch Zeitschriften, Möbel, Bücher und Ausstellungen kreiert. Die Modelinie entstand 1997, als Jonny seinen Freundinnen und Freunden, seiner Familie und guten Kunden hundert Paar Jeans aus grobem Denim mit roten Nähten schenkte. Als diese Jeans sofort einschlugen, wurde eine komplette Kollektion lanciert, zu der es seit 2016 auch Taschen und andere Accessoires gibt.

Wie lässt sich der Stil beschreiben? Viele bezeichnen ihn als minimalistisch, obwohl die Acne Studios eher maximalistisch sind: Ihr Stil enthält zahlreiche Anspielungen an Kunst, Design, Literatur und Musik. Nach Johanssons Angaben hat ihn Andy Warhols Factory stark inspiriert. Sämtliche Kreationen weisen viel Liebe zum Detail auf, und die Stoffe werden häufig eigens für Acne Studios gefertigt.

Der Insider-Satz: *»Wusstest du, dass die Buchstaben ACNE ursprünglich für Associated Computer Nerd Enterprises standen? Heute sind sie das Akronym für Ambition to Create Novel Expression.«*

GUT ZU WISSEN
Die größte Boutique von Acne Studios in Europa wurde 2022 in Paris in der Rue Saint-Honoré Nr. 219 eröffnet und verfügt über eine Fläche von knapp 300 m².

WER TRÄGT ACNE STUDIOS?
Kendall und Kylie Jenner sind verrückt nach den Taschen dieser Marke. Auch Rihanna, Dua Lipa und Selena Gomez zählen zu ihren Fans.

MUSUBI

2016

Die Musubi ist von den Obis inspiriert, den traditionellen japanischen Kimonogürteln. Der kunstvolle Knoten lässt die Tasche weich und dennoch strukturiert wirken. Das italienische Kalbsleder wird von Hand verarbeitet und mit dem Futter verleimt, sodass es keine sichtbaren Nähte gibt und die Oberflächen vollkommen glatt bleiben. Das Logo ist eingeprägt, der Verschluss magnetisch, und alle Taschen mit Tragehenkel verfügen außerdem über einen abnehmbaren Schulterriemen.

Seit ihrer ersten Präsentation erfuhr die Musubi zahlreiche Veränderungen. So gibt es sie mittlerweile in unterschiedlichen Farben und Größen, und in jeder Saison kommen neue Formen heraus. 2022 gab es die Musubi Micro Tote und die Musubi Shoulder Bag, 2023 war die Geburtsstunde der Musubi Midi. Die alltagstaugliche Schultertasche gibt es auch in einem neuartigen Design, das an Vintage-T-Shirts im Batik-Look erinnert.

PLATT

2023

Die sehr schlichte Umhängetasche hat als einzigen Schmuck das Schildchen mit dem Markennamen. Ein besonderes Signature-Detail: Der Schulterriemen ist an einer Seite länger als an der anderen. Auf der Rückseite ist ein Spiegel angebracht mit dem Aufdruck: »You are beautiful.« Die 2023 vorgestellte Platt Crackle ist eine Variante dieses Modells und besteht aus Rindsleder mit Craquelé-Effekt. Es gibt sie in drei Größen und drei Farben: Schwarzgrau, Limettengrün und Dunkelbeige. Die Platt Crossbody Crackle mit Umschlagklappe stellt eine weitere Platt-Version dar. Manche Modelle weisen am Schulterriemen spitze Nieten auf. Zwar hat das Leder aller Taschen einen Used-Look, wirkt aber dennoch glänzend, ein kleiner Widerspruch, der aber für den Stil der Acne Studios typisch ist.

Acne Studios
Acne Studios

ALAÏA
BILDHAUER DER MODE

»Ich liebe Schwarz, weil es für mich eine sehr heitere Farbe ist.«

Azzedine Alaïa

Gründung: 1981

Die Geschichte: Der in Tunis geborene Azzedine Alaïa begann bereits mit 15 Jahren ein Studium an der Kunsthochschule seiner Geburtsstadt. Schon früh begeisterte er sich für Mode und zog 1956 nach Paris, wo er Kleider für Französinnen und Tunesierinnen der Oberschicht entwarf. Von 1956 bis 1958 arbeitete er kurz für Dior und Guy Laroche. 1964 eröffnete er sein Modeatelier in der Rue de Bellechasse. Zu seinen Kundinnen zählten Greta Garbo, Arletty, die Frauen von Picasso, Miró, Calder … 1981 brachte Alaïa seine eigene Marke heraus und kleidete Stars wie Grace Jones und Tina Turner ein. Er wurde immer berühmter, die bekanntesten Topmodels wie Naomi Campbell, Stephanie Seymour und Farida Khelfa trugen seine Kreationen auf dem Laufsteg und gehörten bald auch zu seinem Freundeskreis. Bei seinem Tod 2017 hinterließ Alaïa ein beträchtliches stilistisches Vermächtnis, das mittlerweile in den Händen des Belgiers Pieter Mulier liegt, der seit 2021 als Art Director mit technischer Virtuosität Alaïas Streben nach Perfektion und Modernität fortsetzt.

Wie lässt sich der Stil beschreiben? Die figurnahen, skulpturalen Kleider bestehen aus Materialien, die die Linien des Körpers nachzeichnen, ohne ihn in seiner Bewegungsfreiheit einzuschränken. Typisch sind auch bauschige Röcke mit engem Korsettgürtel in der Taille und kurze Tuniken, die nicht weniger sexy anmuten.

Der Insider-Satz: *»Azzedine hatte mehr als 15 000 Kleider erworben, die die Geschichte der Mode nachzeichnen. Seine Stiftung organisiert regelmäßig Ausstellungen.«*

GUT ZU WISSEN

Die Fondation Azzedine Alaïa, die das Werk des Couturiers bewahren soll, veranstaltet Ausstellungen, die man in Paris in der Rue de la Verrerie Nr. 18 bewundern kann.

WER TRÄGT ALAÏA?

Jennie Kim, Jennifer Lawrence, Rita Ora, Rihanna, Irina Shayk, Tilda Swinton. Und all seine ikonischen Models wie Naomi Campbell oder Stephanie Seymour.

LE MINA

Le Mina ist sozusagen das Hausmodell, unverwechselbar durch das laserperforierte Leder, dessen Muster an die Maschrabiyya-Holzgitter arabischer Länder erinnert, umso mehr, als die kleinen Löcher mit Metallösen eingefasst sind. Dank der eingefalteten Seiten passen sich Größe und Fassungsvermögen der Tasche den jeweiligen Anforderungen an. Man kann sie als Henkeltasche oder über der Schulter tragen, wobei der Schulterriemen abnehmbar ist.

LE CŒUR

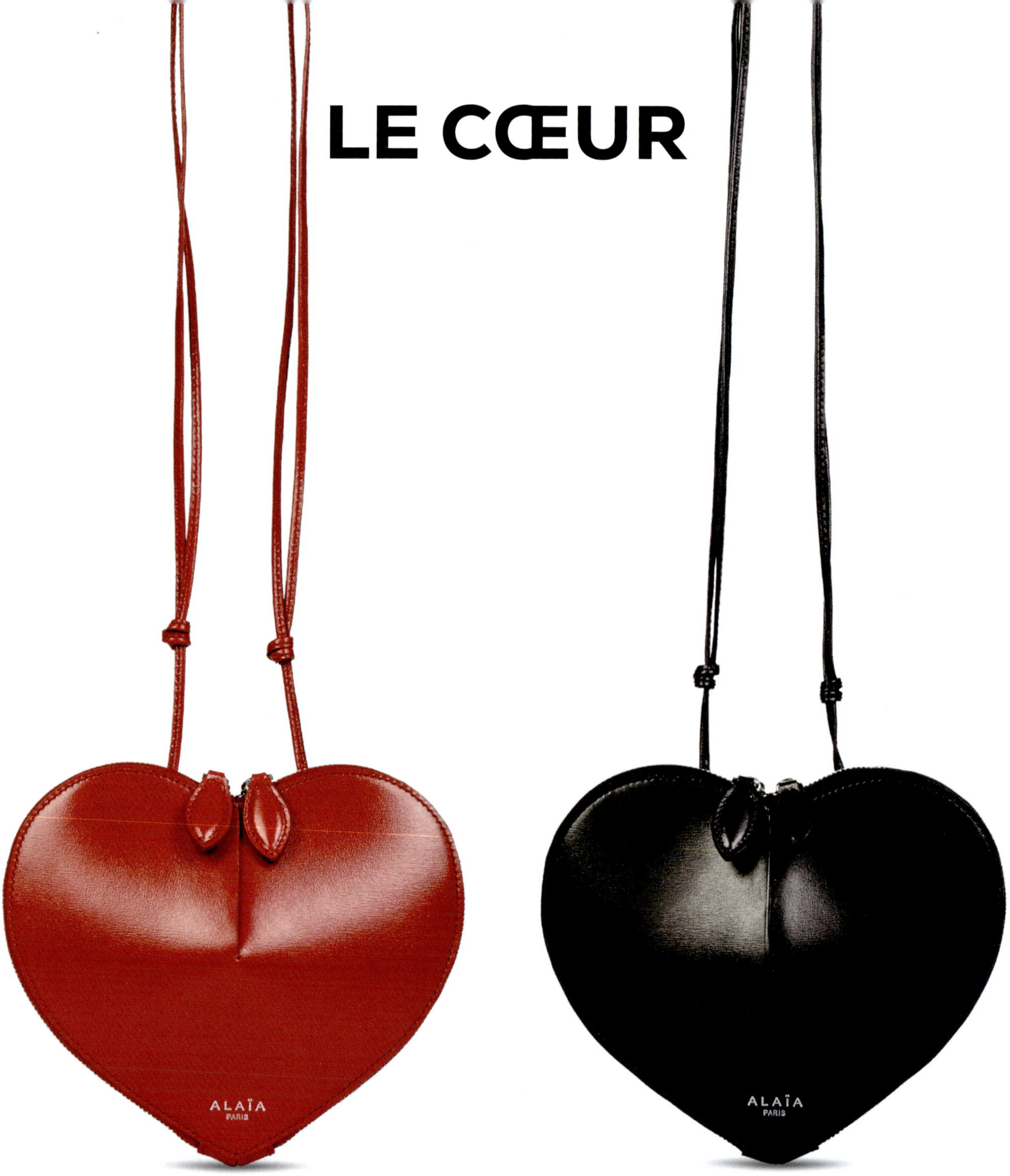

»Mein Herz gehört Papa.« In den 1990er-Jahren hatte Alaïa seine Models in Kleidern auf den Laufsteg geschickt, auf denen dieser Satz stand. Das inspirierte wiederum Pieter Mulier, Kreativdirektor im Hause Alaïa, zum Entwurf dieser herzförmigen Tasche. Sie ist aus Leder, während ihre Minaudière-Versionen aus Blech gefertigt sind.

LE PAPA

2022

Ebenso wie Le Cœur ist auch Le Papa eine Anspielung an Azzedine Alaïa, der sich von seinen Lieblingsmodels »Papa« nennen ließ. Der Taschenverschluss bildet das A von Alaïa. Le Papa ist aus Leder und wird mit einem Riemen über der Schulter getragen. Es gibt die Tasche in drei Größen; Eine davon ist eine Henkeltasche, die sich dank einer Metallkette auch als Crossbody oder über der Schulter tragen lässt.

ALEXANDER MCQUEEN SUBTIL EXTRAVAGANT

»Die Mode sollte eine Möglichkeit sein, der Wirklichkeit zu entfliehen, anstatt in ihr gefangen zu sein.« **Alexander McQueen**

Gründung: 1992

Die Geschichte: Alexander McQueen gründete seine Marke direkt nach seinem Abschluss am Londoner Central Saint Martins College of Art & Design. 1996 wurde er Art Director von Givenchy, entwarf aber weiterhin Modelle für seine eigene Marke. 2001 verließ er Givenchy, und seine Firma wurde Teil der Gucci-Gruppe (heute: Kering). Nach McQueens Tod 2010 übernahm seine erste Assistentin Sarah Burton, die seit 2000 bereits Direktrice der weiblichen Konfektionskleidung war, die künstlerische Leitung der Marke. Sie verließ das Modehaus 2023. Seán McGirr ist der neue Kreativdirektor.

Wie lässt sich der Stil beschreiben? Alexander McQueens Stil ist durch futuristische Silhouetten und verwegene Linienführung geprägt: Seine Kollektionen haben etwas Poetisches und gleichzeitig Düsteres.

Der Insider-Satz: *»Den Ring an der Handtasche zu tragen, finde ich superpraktisch!«*

WER TRÄGT ALEXANDER MCQUEEN?

Beyoncé, Cate Blanchett, Lily-Rose Depp, Kaia Gerber, Sydney Sweeney und natürlich Kate Middleton, deren Hochzeitskleid von Sarah Burton für Alexander McQueen entworfen worden war.

GUT ZU WISSEN

Sarah Burton rief ein Ausbildungsprogramm ins Leben und spendet außerdem Stoffe. Was im Haus nicht verwendet wird, geht an Modestudentinnen und -studenten in Großbritannien.

JEWELLED HOBO

Das Design dieser Handtasche ist von der Form des Edelsteins inspiriert, der sich zwischen den Totenköpfen an ihrem Verschluss befindet. Die verschiedenen Lederstücke sind so geschnitten und zusammengefügt, dass eine neue, dreidimensionale und für die Kreationen des Hauses typische Form entsteht. Die Jewelled Hobo gibt es in zwei Größen, in vielen Farben und aus Leder oder aber mit Kristallen besetzt.

ALEXANDER MCQUEEN

JEWELLED SATCHEL

Diese Linie ist praktisch das Wahrzeichen des Hauses. Der Schlagring-Verschluss ist mit Totenköpfen verziert, ein Markenzeichen Alexander McQueens. Die handgefertigte Jewelled Satchel ist in verschiedensten Ausführungen zu haben: aus Leder, in Krokoprägung, kristallbesetzt, mit Nietenverzierungen, aus Tweed und aus mit Graffiti verziertem Leder. Auch der Verschluss wechselt die Farbe, und der Schulterriemen ist dem jeweiligen Stil angepasst. Es gibt die Tasche in drei Größen.

KNUCKLE CLUTCH

Auch das Minaudière-Modell hat den berühmten Totenkopf-Verschluss, das Schulterkettchen ist abnehmbar. Es gibt das Täschchen in verschiedensten Versionen: vom schlichten Modell aus durchsichtigem Kunststoff bis hin zur raffinierten, mit Swarovski-Kristallen besetzten Ausführung.

ALEXANDER MCQUEEN

AMI
EIN PARISER AUS LIEBE

Gründung: 2011

Die Geschichte: Es ist die Geschichte eines Modeschöpfers, der verstanden hat, welche Schritte zum Erfolg einer Marke führen. Der 1980 geborene Alexandre Mattiussi hat an der Pariser Hochschule für Kunst und Design École Duperré studiert. Er spezialisierte sich auf Herrenmode und arbeitete zehn Jahre lang für verschiedene Modehäuser (Dior, Givenchy und Marc Jacobs), bevor er 2011 sein eigenes Unternehmen gründete. Sein Ziel war und ist es, eine ideale Herrengarderobe zu kreieren. 2013 wurde er mit dem Modepreis Prix de l'Andam ausgezeichnet. Vier Jahre später zählte das rote Herzchen »Ami de Cœur« seiner Linie zu den Logos mit hohem Wiedererkennungswert, und die Frauenwelt stürzte sich auf seine maskulinen Pullover. Im Januar 2018 stellte Mattiussi seine Kollektion »L'homme pour la femme« (»Der Mann für die Frau«) vor. Im folgenden Jahr lancierte er seine ersten Damenkollektion für die Frühjahrs- und Sommersaison 2020. Im Jahr 2021 brachte er seine erste Handtasche heraus: die Déja-vu. Catherine Deneuve ist ihre Botschafterin.

Wie lässt sich der Stil beschreiben? Er ist französisch mit Pariser Chic, elegant und lässig zugleich, ungezwungen, aber sympathisch, von einer Maskulinität, die sich leicht feminin abwandeln lässt. Eine echte Marke eben, ohne Chichi, dafür aber mit sehr viel Herz.

Der Insider-Satz: *»Im französischen Wort* aimer *für* lieben *stecken die drei Buchstaben von AMI. Das hat sicher etwas zu bedeuten.«*

GUT ZU WISSEN

Wenn man auf der Website amiparis.com auf »AMI FOR EVER« clickt, findet man AMI-Modelle aus zweiter Hand.

WER TRÄGT AMI?

Bei den Modenschauen drängeln sie sich in die erste Reihe und sogar auf das Podium: Isabelle Adjani, Carla Bruni, Naomi Campbell, Laetitia Casta, Cara Delevingne, Catherine Deneuve und Emily Ratajkowski.

PARIS PARIS

2023

Obwohl Alexandre Mattiussi gezeigt hat, dass er auch extravagantere Handtaschen entwerfen kann, wie etwa L'Accordéon oder Déjà-vu, ist Paris Paris das Modell, das die Herzen bricht und bereits als DIE ikonische Handtasche von AMI gilt. Ihr Verschluss »Ami de Cœur« macht sie zum Symbol dieses Hauses mit dem maskulin-femininen und gleichzeitig ultra-pariserischem Stil. Es gibt sie aus Leder oder aus Baumwollcanvas und Leder in unterschiedlichen Größen und Versionen: Mit Schulterriemen oder als damenhafte Henkeltasche. Diese Tasche hat das Zeug zum Klassiker!

ANYA HINDMARCH
VERANTWORTUNGS-BEWUSSTER CHIC

»Wir sollten uns auf das Grundsätzliche besinnen und uns klar darüber sein, wofür wir stehen.« **Anya Hindmarch**

Gründung: 1987

Die Geschichte: Im Alter von 19 Jahren eröffnete Anya in London ein kleines Handtaschengeschäft, das sich zum Erfolg entwickelte: Ihre mit einer kleinen Schleife gekennzeichneten Taschen eroberten die Welt. Kreativität, moderne Handwerkskunst und Personalisierung – so können ihre Kundinnen und Kunden etwa Zeichnungen oder Mitteilungen in ihrer eigenen Handschrift auf die Produkte prägen lassen – stehen bei Anya im Mittelpunkt, aber auch das Thema Nachhaltigkeit ist ihr ein Anliegen. 2021 eröffnete sie in der Pont Street im Londoner Stadtviertel Chelsea The Village: ein innovatives Verkaufskonzept, das aus sechs benachbarten Geschäften besteht, und in dem man personalisierte Produkte ebenso erhalten kann wie gebrauchte. In dem von 8 bis 18 Uhr geöffneten Café gibt es sogar Gebäck mit dem Markenzeichen der Modeschöpferin.

Wie lässt sich der Stil beschreiben? Typisch für Anya Hindmarch sind sowohl zeitlose Taschen aus natürlichen Materialien als auch lustige, bunte Pop-Modelle. Doch auch mit den witzigen Objekten aus ihren Kollektionen versucht die Designerin stets, wichtige gesellschaftliche Themen künstlerisch umzusetzen, so etwa 2007 mit ihrer Korbkollektion »I Am Not a Plastic Bag«. 2020 führte sie diese Idee mit den Taschen »I Am a Plastic Bag« fort, die aus recycelten Plastikflaschen hergestellt sind. Anya weiß stets, woher der Zeitgeist weht.

Der Insider-Satz: *»Seit ich mit meinem Coca-Cola-Dosentäschchen spazieren gehe, trinke ich viel mehr Wasser.«*

GUT ZU WISSEN

2021 veröffentlichte Anya bei Bloomsbury ein Buch mit dem Titel: *If in Doubt, Wash Your Hair* (»Im Zweifelsfall Haare waschen«). Darin erzählt sie von ihren Erfahrungen als Unternehmerin, Mutter und Stiefmutter.

WER TRÄGT ANYA HINDMARCH?

Adele, Jessica Alba, Prinzessin Beatrice, Dakota Johnson, Angelina Jolie, Kate Middleton, Emma Roberts, Emma Watson.

ANYA BRANDS

Mit diesen Täschchen ist Anya berühmt geworden. Indem sie Softdrink-Dosen, Sojasaucen-Fläschchen oder Verpackungen von Frühstücksflocken in Abendtäschchen aus Leder und Pailletten verwandelte, machte die Designerin das Alltägliche zum Ungewöhnlichen. Einige ihrer Modelle wurden in die Sammlungen des Londoner Victoria and Albert Museum aufgenommen und können dort bewundert werden.

NEESON

Die neuen Versionen einer der kultigsten Taschen des Labels: Die Neeson aus handgeflochtenem Leder ist sehr leicht. Sie herzustellen, dauert mehrere Tage. Die Schleife, das Markenzeichen, wird in die Taschenmitte hineingeflochten. Von diesem Modell gibt es mehrere Versionen, gemeinsames Merkmal ist das geflochtene Leder.

RETURN TO NATURE

Ultimativ nachhaltige Taschen: Die Modelle »Return to Nature« zersetzen sich am Ende ihrer Nutzungsdauer von selbst. Für diese kompostierbare Taschenserie mussten Gerbereien gefunden werden, die eine vollständige Rückverfolgbarkeit der Häute gewährleisten konnten und die bereit waren, innovative Gerbmethoden zu entwickeln. Bei der Kompostierung wurde festgestellt, dass das zersetzte Leder zahlreiche Nährstoffe für den Boden enthält und dass Pflanzen in diesem Boden um 20 % besser wachsen als bei anderem Kompost. Also werden diese Taschen niemals auf Müllhalden landen, sondern in den Kreislauf der Natur zurückkehren. Anya Hindmarch arbeitet außerdem mit der von dem Fotomodel Arizona Muse gegründeten Organisation Dirt zusammen, die sich für nachhaltige Entwicklung einsetzt: Beim Verkauf jeder Tasche aus der Kollektion »Return to Nature« gehen 10 £ (ca. 12 €) an Dirt. Die Kollektion besteht aus sieben Modellen in sechs Farben.

VERE

Die Alltagstasche schlechthin: Ihre Form ist superpraktisch, und die von einem Reißverschluss gerahmte und mit Quasten verzierte Umschlagklappe verleiht ihr das gewisse Etwas. Kleine Innentaschen nehmen Kreditkarten und Handy auf und zeugen von Anyas Sinn für Ordnung. Es gibt sie in Glattleder oder aus Leder und Bast sowie in zwei Größen.

A.P.C.
SCHICKER MINIMALISMUS

»Minimalismus erfordert ein Maximum an Einsatz.«

Jean Touitou

Gründung: 1987

Die Geschichte: Mitten im Disco-Zeitalter gründete Jean Touitou A.P.C. (Atélier de production et de création) und erfand einen Stil, der in völligem Gegensatz zu dem lauten Glitzerlook seiner Zeit stand. Nachdem er für Kenzo, agnès b. und Irié gearbeitet hatte, wurde Touitou durch seine Denim-Jeans bekannt, die umso weicher werden, je länger man sie trägt. Bald darauf stellte A.P.C. eine komplette Kollektion von Kleidung und Accessoires für Frauen und Männer vor, die sich durch besondere Schlichtheit auszeichnet.

Wie lässt sich der Stil beschreiben? Touitous Stil ist die Quintessenz des Minimalismus: Kleidungsstücke und Accessoires sind der Inbegriff von Klarheit und Sachlichkeit. Gleichzeitig sind sie aber auch cool – und vor allem très chic.

Der Insider-Satz: *»Die Taschen von A.P.C. gehen nicht mit der Mode, und deshalb sind sie immer modern!«*

GUT ZU WISSEN

A.P.C. hilft uns, ökologischer zu leben! Das Unternehmen hat ein Recyclingprogramm entwickelt, das den Kundinnen und Kunden anbietet, getragene Kleidungsstücke von A.P.C. in die Läden zurückzubringen und gegen einen sechs Monate gültigen Gutschein einzutauschen. Die alten Sachen werden dann an eine Wohlfahrtsorganisation weitergeleitet. Das Programm läuft zeitlich unbegrenzt.

WER TRÄGT A.P.C. ?

Alexa Chung, Katie Holmes, Dakota Johnson, Diane Kruger, Jennifer Lawrence, Rita Ora und Suki Waterhouse.

A.P.C.

DEMI-LUNE

2013

Seit ihrem ersten Auftritt 2013 ist sie der Bestseller des Hauses! Ihr französischer Name beschreibt ihre Halbmondform. Während es die Tasche ursprünglich nur in mit Pflanzenstoffen gegerbtem Glattleder gab, damit sie mit der Zeit eine edle Patina entwickelte, erhält man sie mittlerweile auch in Canvas und Leder, genarbtem Leder oder in Leder mit Krokoprägung. Sie wird oben durch einen Doppelreißverschluss verschlossen, als Crossbody getragen und außerdem in den Ausführungen Mini, Clutch und Pochon (mit beutelartigem Innenfach und Kordelzug) angeboten. Das goldgeprägte Logo »A.P.C. Rue Madame Paris« an der Vorderseite verleiht ihr eine zeitlos elegante Note.

A.P.C.

A.P.C.

A.P.C.

A.P.C.

A.P.C.

A.P.C.

GRACE

Als ob es sie schon immer gegeben hätte! Mit dem beinahe quadratischen Zuschnitt und der Taschenklappe mit dem schlichten vergoldeten Verschluss ist diese Handtasche aus festem Glattleder ein echter Klassiker. Innen hat sie ein großes Hauptfach und zwei kleinere Fächer. Das Futter besteht aus Baumwollmischgewebe. Ebenso wie alle anderen Modelle trägt sie vorne in Goldprägung das Logo »A.P.C. Rue Madame Paris«. Ob im Format Klein, Mini, als Baguette-Bag (in länglicher Form) oder Clutch – mit dieser schlichten Tasche kann man keinen modischen Fauxpas begehen!

VIRGINIE SMALL

Die kleine trapezförmige Tasche aus Glattleder kann man in der Hand oder als Umhängetasche tragen. Manche Varianten werden von einem kleinen Beutel begleitet, der unten befestigt werden kann, andere von einer kleinen Innentasche an einem schmalen Riemen. Das A.P.C. Logo ist bei dieser Tasche nur auf die kleine Innentasche aufgeprägt. Mehr Understatement geht nicht!

A.P.C.

BALENCIAGA
VOLUMINÖS IN DIE ZUKUNFT

»Eleganz ist Eliminierung.«

Cristóbal Balenciaga

Gründung: 1917

Die Geschichte: Der Spanier Cristóbal Balenciaga eröffnete 1917 in San Sebastián sein Modehaus. Zu seiner Kundschaft zählten die Königsfamilie und die eleganten Damen der feinen Gesellschaft. Vor dem Spanischen Bürgerkrieg floh der Couturier nach Paris und stellte dort 1937 seine erste Haute-Couture-Kollektion vor. Als wahrer Architekt der Mode entwarf er neue Formen wie die Fasslinie, das Sackkleid und den Wasserfallausschnitt. 1968, vier Jahre vor seinem Tod, schloss Balenciaga seine sämtlichen Modehäuser. Aus ihrem Dornröschenschlaf weckte die Marke 1991 Josephus Thimister als neuer Art Director und lancierte die Konfektionslinie »Le Dix« (»Die Zehn«). 1997 wurde Nicolas Ghesquière zu seinem Nachfolger ernannt. Im Laufe von 15 Jahren lenkte Ghesquière die Marke in die richtige Richtung: Sie wurde futuristisch und modern, behielt aber ihren zeitlosen Chic. 2012 übernahm Alexander Wang und besann sich auf Balenciagas Grundsätze. Seine Nachfolge trat 2015 Demna Gvasalia an. Der Georgier, der bei Maison Margiela und Louis Vuitton gelernt hatte, bevor er das Kollektiv Vetements gründete, ließ sich von den kühnsten Entwürfen des spanischen Couturiers inspirieren und erfand skulpturale Silhouetten mit neuem Volumen. 2021 holt er die Haute Couture in die Geschäftsräume an der Avenue George V. Nr. 10 zurück.

Wie lässt sich der Stil beschreiben? Struktur, Volumen und Innovation sind die drei Begriffe, die Balenciaga-Kreationen am treffendsten charakterisieren.

Der Insider-Satz: *»Um in der heutigen Modeindustrie zu überleben, muss man Risiken eingehen, das hat Demna selbst gesagt!«*

WER TRÄGT BALENCIAGA ?

Zu seinen Lebzeiten kleidete der Gründer alle großen Stars ein, darunter Ingrid Bergman, Marlene Dietrich und Ava Gardner. Heute wird die Marke von Hailey Bieber, Amal Clooney, Miley Cyrus, Céline Dion, Julia Fox, Bella Hadid und Anne Hathaway getragen, außerdem von Kim Kardashian, die eine Weile Markenbotschafterin war, und von Dua Lipa und Rihanna.

GUT ZU WISSEN

2011 wurde in dem 25 km von San Sebastián entfernten Getaria das Balenciaga-Museum eröffnet.

CLASSIC

2000

Diese von Nicolas Ghesquière kreierte Tasche hatte im Lauf ihrer Karriere schon etliche Namen, mittlerweile hat man sich auf Classic geeinigt. Ursprünglich hieß sie Le Dix Motorcycle Lariat. Beinahe hätte sie ihren Weg in die Boutiquen gar nicht gefunden, weil sie seinerzeit nicht den Kriterien für It-Bags entsprach. Als man noch nicht einmal an eine Produktion dachte, schickte man sie als Prototyp auf den Laufsteg, und alle Models wollten sie sofort haben. Und sobald Kate Moss mit ihr gesehen wurde, schrie die ganze Welt nach diesem Modell. Ihr Vintage-Look kam ebenso gut an wie ihre Weichheit, zumal die Taschen damals eher starr und steif waren. Im Laufe der Zeit drängten immer neue Varianten unter immer neuen Namen auf den Markt; die Coolness aber ist ihr geblieben. Zwar wird die Classic heute nicht mehr hergestellt, doch verstand es Demna Gvasalia, das Modell zu verjüngen: Die Neo Cagole City könnte zu ihrer würdigen Nachfolgerin werden.

BALENCIAGA

HOURGLASS

2019

Raffiniert und originell, und damit genau die Tasche, die man sich von einem Haus dieses Formats erwartet. Die von Demna Gvasalia erdachte Form hat hohen Wiedererkennungswert, die konkav geschwungene Unterseite hebt die Tasche von allen anderen Modellen ab. Sie ist mit Henkel und abnehmbarem Schulterriemen ausgestattet. Am Verschluss prangt unübersehbar das B-Logo. Es gibt die Tasche in den unterschiedlichsten Materialien: von Kalbsleder mit Spiegeleffekt über Kalbsleder in Krokoprägung mit Metalliceffekt, Lammleder in Knitteroptik oder besticktem Lammleder bis hin zu Baumwolle mit Denimprint, Teddyfell und poliertem Messing.

LE CAGOLE

Die von der Classic inspirierte Le Cagole ist halbmondförmig. Ihr etwas provokanter Name ist eigentlich eine in Marseille gebräuchliche Bezeichnung für eine junge, vorlaute Frau, die sich sehr freizügig benimmt und kleidet. Das hielt die Fashionistas nicht davon ab, sich auf dieses Modell zu stürzen, das es in den unterschiedlichsten (stets superweichen) Lederarten, Farben und Formaten gibt, darunter die der Classic ähnelnde Neo Cagole City. Begleitet wird Le Cagole von zwei am Schulterriemen befestigten Accessoire-Gadgets: einem Mini-Täschchen und einem kleinen Spiegel in Herzform.

CRUSH

2022

Die von der Form der Hourglass inspirierte Crush besitzt statt eines Henkels einen Riemen, mit dem sie über der Schulter getragen wird; manche Modelle haben anstelle des Lederriemens eine Kette. Ebenso wie die Hourglass gibt es sie in verschiedenen Formaten und vielen Materialien. Sie wirkt weicher, als sie tatsächlich ist, besonders in der gesteppten, satinierten Kalbslederversion.

BISTRO

2022

Dieser Korb mit abnehmbarem Schulterriemen ist der perfekte Reisebegleiter, zumal am Henkel schon das Etui für ein Adressschildchen hängt. Man kann ihn aber auch, seinem Namen entsprechend, einfach mit ins Bistro nehmen. Es gibt ihn in unterschiedlichsten Materialien, darunter Kalbslederimitat, Frottee, Baumwolle mit Denimoptik oder Kunststoffgewebe mit Spiegeleffekt, und verschiedenen Formaten, die von Maxi bis Mikro reichen.

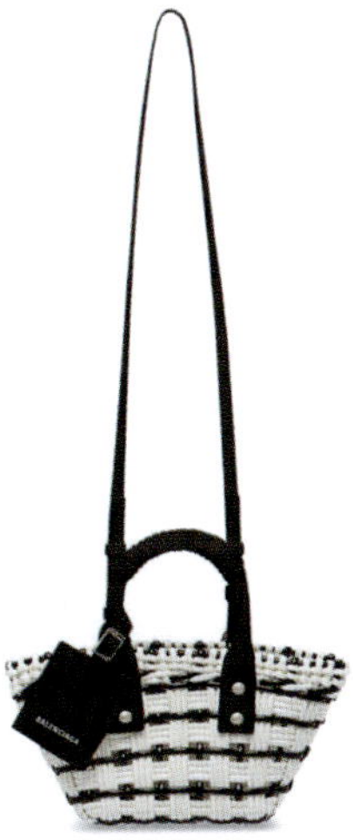

BALMAIN
KÜHNER CHIC

»Das Synonym von Luxus ist Zeitlosigkeit.«

Olivier Rousteing, Art Director von Balmain

Der Couturier Pierre Balmain hat dazu beigetragen, dass aus Paris in den 1950er-Jahren die Welthauptstadt der Mode wurde. Seine frischen, femininen Haute-Couture-Kollektionen fielen in der Nachkriegszeit sofort auf. Vor über zehn Jahren übernahm Olivier Rousteing die künstlerische Leitung. Ihm gelang es, den berühmten »neuen französischen Stil«, dem sich Balmain seit 1945, dem Gründungsjahr seines Modehauses, verschrieben hatte, neu zu erfinden. Rousteing bewahrte den Geist des Hauses, bereicherte ihn aber um eine neue, modernere Form der Weiblichkeit, die sexy und sehr pariserisch ist, gleichzeitig aber auch inklusiv und demokratisch. Er schöpfte aus den Quellen von Balmains Vermächtnis, ohne der eigenen Vision zeitgenössischer Mode untreu zu werden. Seine Botschafterinnen sind Mitglieder der »Balmain Army«, mutige, inspirierende Frauen mit sehr unterschiedlichen Hintergründen, selbstbewusstere Versionen von Pierre Balmains »Jolie Madame« (hübscher Madame). Optimismus und Kühnheit sind Grundwerte des Hauses, die Olivier Rousteing zu transponieren versteht.

7 WICHTIGE JAHRE

1945
Nach seinen Lehrjahren bei Edward Molyneux und Lucien Lelong gründet Pierre Balmain das nach ihm benannte Modehaus, das sich in der Avenue François-Ier Nr. 44 in Paris befindet. In der nüchternen Nachkriegszeit präsentiert er sehr feminin wirkende Kreationen. Stickereien, schmale Taillen und bauschige Röcke zieren »Jolie Madame«, die »hübsche Madame«, die von Pierre Balmain erfundene Pariserin.

1950
In den 1950er-Jahren lassen sich die großen Stars von Balmain einkleiden: Marlene Dietrich, Katherine Hepburn, Brigitte Bardot, Sofia Loren ...

1982
Nach Pierre Balmains Tod geht die künstlerische Leitung an Erik Mortensen, Balmains bisherige rechte Hand, über.

1992
Oscar de la Renta wird zum Art Director ernannt und bleibt der Eleganz treu.

2005
Nachfolger wird Christophe Decarnin, der den Kollektionen einen rockigen Touch verleiht.

2011
Mit nur 25 Jahren übernimmt Olivier Rousteing die künstlerische Leitung. Er kombiniert den femininen Stil des Hauses mit seiner ultramodernen und inklusiven Vision.

2021
Olivier Rousteing feiert sein zehnjähriges Dienstjubiläum bei Balmain mit einer Event-Show im Zeichen der Mode und Musik.

DIE 5 BALMAIN-KENNZEICHEN

01.
Goldene Akzente

02.
Marinelook – neu interpretiert

03.
Schwarz und Weiß

04.
Das Labyrinth-Motiv

05.
Die architektonische Silhouette

01

02

03

04

SCHON GEWUSST?

Olivier Rousteing erlernte den Designerberuf an der Pariser École Supérieure des arts et techniques de la mode (ESMOD). Mit 18 ging er nach Italien, um bei Roberto Cavalli ein Praktikum zu absolvieren. Er blieb dort fünf Jahre und entwarf Konfektionskleidung für Herren und Damen, bevor er zu Balmain wechselte.

05

UND DAS AUCH?

Das Haus Balmain war schon immer eng mit musikalischen Talenten verbunden: Rihanna, Jennifer Lopez, Björk und Beyoncé tragen auch auf der Bühne Balmain. *»Beyoncé ist eine echte Ikone, eine Quelle der Inspiration, vor allem aber eine sehr gute Freundin … Sie hat mir viel beigebracht«*, erklärte Art Director Olivier Rousteing.

B-BUZZ

2019

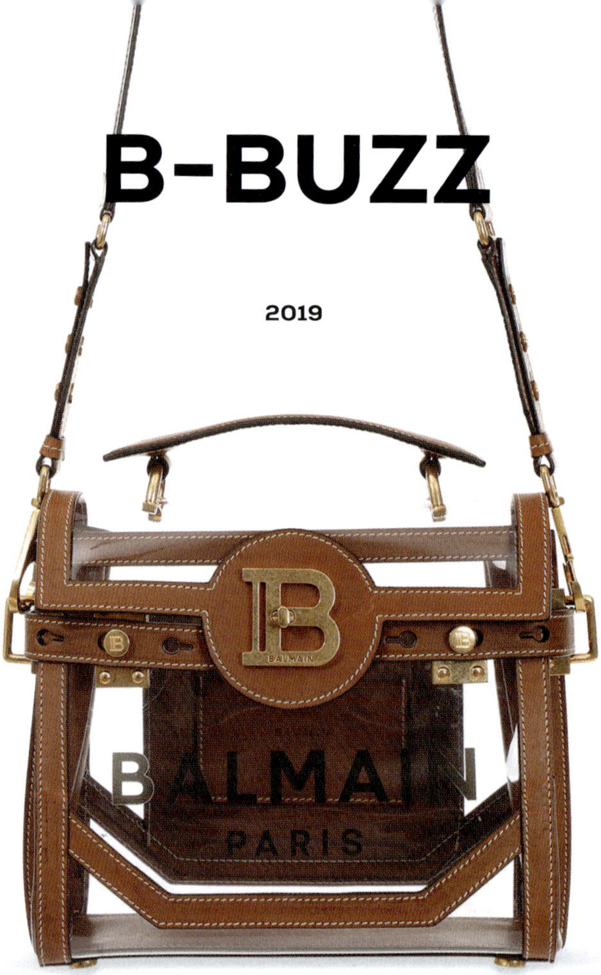

Dieser Tasche sieht man ihre Herkunft sofort an. Das liegt nicht nur an dem *B*, das am Verschluss prangt, sondern auch an der sehr aufwendigen Gestaltung mit Details, die hohe Handwerkskunst verraten. Die B-Buzz weist mehrere typische Merkmale von Olivier Rousteing auf, wie z. B. breite Streifen, gestepptes Leder, vergoldete Metallteile, hochwertige Materialien, eingearbeitete Kristalle und schwarze und weiße grafische Motive. Wie ein Chamäleon passt sich diese Tasche den verschiedenen Kollektionen an. Die B-Buzz ist zweifellos ein Renner!

BALMAIN
PARIS

1945 HERITAGE

2020

Diese Linie ist von Pierre Balmains Kreationen aus den 1970er-Jahren inspiriert. Das sich wiederholende, labyrinthartige Muster (Pierre Balmain begeisterte sich für französische Gartenkunst und Renaissancegärten) bildet ein *B* für Balmain und ein *P* für Pierre und für Paris, der mit der Geschichte des Modehauses eng verbundenen Stadt. Außerdem zeugen die aus weichem Leder gefertigten Handtaschen, in denen sich die Farben Elfenbein und Schwarz abwechseln, von Olivier Rousteings und Pierre Balmains Liebe zu Kontrasten und grafischer Linienführung. Vergoldete und patinierte, also »auf alt gemachte« Medaillons, Knöpfe und Ketten schmücken die Handtaschen.

ELY

2021

Pierre Balmain ist viel gereist, u. a. nach Amerika, England und Australien, um Vorträge über französische Kultur und französische Lebensart zu halten. Das Reisen war auch Inspiration für die Kollektion Herbst/Winter 2021/2022 und die Tasche ELY (eine Kurzform für Elysée 64–83, der ursprünglichen Telefonnummer des Hauses Balmain). Die Handtasche, die über der Schulter getragen wird, ist einer in den 1970er-Jahren von Pierre Balmain entworfenen Tasche ähnlich.

CHOCOLAT

2019

Diese 2019 von Olivier Rousteing kreierte Tasche erinnert an eine Tafel Schokolade. Schlechte Nachricht für Naschkatzen: Mittlerweile ist sie nicht mehr erhältlich.

PILLOW

2021

Die von Reise-Nackenkissen inspirierte Pillow ist eine Schultertasche. Ihr Henkel besteht aus einer mit Leder oder Stoff verflochtenen Metallkette.

BLAZE

2022

Das auffällige Modell zeichnet sich durch eine extravagante Form, beeindruckend viel Metall und einer gleichzeitig modernen wie barocken Anmutung aus – beinahe, als wäre die ganze Essenz des Modehauses Balmain in dieser Tasche verkörpert. Der Name Blaze erinnert an Balmains Blazer mit den betonten Schultern und der schmalen Taille. *»Vor allem sollte Blaze eine Tasche sein, die ins Auge sticht«*, erklärt Olivier Rousteing. *»Ich habe meine Designer beauftragt, Taschen für einen möglichst gewagten Auftritt zu entwerfen. Für mich sind sie wie die kugelsicheren Schilde, die von den unerschrockenen Superhelden meiner Kindheit getragen wurden. Ich stelle mir vor, dass unsere Balmain-Tasche ein Gefühl der Unbesiegbarkeit schenkt und jedes Outfit perfekt ergänzt.«* Je nach Größe wechselt die Tasche ein wenig die Form, das Material wirkt in jedem Fall glamourös. Die Henkeltaschen sind außerdem mit einem abnehmbaren Schulterriemen ausgestattet.

BALMAIN

B-BUZZ DYNASTY

2023

Der Neuzugang in der B-Buzz-Linie heißt B-Buzz Dynasty und erzählt von Pierre Balmains Liebe zum Reisen und seiner Faszination von Koffern und Truhen. Olivier Rousteing ließ in sein Taschendesign die klaren Linien eines Schminkköfferchens einfließen. Nieten an den Rändern, Innenfutter aus Lammleder, Namensschild, Taschenspiegel und das große *B* am Verschluss machen die Handtasche zum Statement. *»Die Koffersammlung in den Archiven von Balmain ließen mich an eine selbstbewusste Frau denken, die Weltreisen unternimmt. Eine Frau, die sich entschlossen vorwärtsbewegt, umstrahlt von einer Aura der Sinnlichkeit«*, erklärt der Modeschöpfer. Vom Monogramm des Hauses über Krokomuster und verschiedene Lederarten bis hin zu eingearbeiteten Kristallen ist diese Tasche eine Spielwiese der Kreativität. Mit dem abnehmbaren Riemen lässt sich die Tasche auf unterschiedliche Weisen tragen.

MINAUDIÈRES
UND ANDERE FANTASIEN

Die Haute Couture ist ein essenzieller Teil von Balmain. Abendgarderoben spielen in den Kollektionen eine wichtige Rolle, ebenso wie die sie begleitenden Abendtäschchen. Die kleinen mit Kristallen besetzten Modelle oder die den It-Bags des Hauses nachempfundenen Partyversionen ermöglichen es, sich von morgens bis abends mit Balmain auszustatten.

Da das Haus Balmain gerade wegen seiner Kühnheit geschätzt wird, wagt Olivier Rousteing Entwürfe wie diese witzigen Abendtäschchen in ungewöhnlichen Formen. Ein Fotoapparat, ein Kaffeebecher, ein Miniaturregenschirm, ein Picknickkorb, ein Kopfhörer, ein Radiogerät oder eine Gitarre … all diese Objekte beweisen, dass sich Balmain eine Frische und Originalität bewahrt hat und weiß, wie es seine Kundschaft begeistern kann: *»Mir ist wichtig, dass meine Kollektionen stets die Art und Weise widerspiegeln, in der die aktuelle Generation lebten und sich kleiden will«*, betont Olivier Rousteing.

BALMAIN

BOTTEGA VENETA

IKONISCHER HIT · IKONISCHER HIT ·

CABAT

»Der wahre Luxus erfordert Zeit. Eine Tasche von Bottega Veneta herzustellen, dauert Tage, nicht Stunden.« Das ist die Botschaft der Marke, die das Modell Cabat wohl in reinster Form symbolisiert. Die aus *intrecciato*, »Geflecht«, bestehende, 2001 von Tomas Maier, dem damaligen Art Director des italienischen Mode- und Accessoires-Unternehmens, entworfene Tasche hatte ihr Debüt in der Kollektion Frühjahr/Sommer 2002. Seit über 20 Jahren ist sie ein Star. Aus doppelseitigen Lederstreifen von Hand geflochten, kommt das Meisterstück ganz ohne Nähte aus – genau die Art von Tasche, die innen ebenso schön ist wie außen. Ein wahres Juwel der Handwerkskunst.

BULGARI
EINDEUTIG KOSTBAR

»La dolce vita *ist römisch. Und Rom, das ist Bulgari.*« **Anita Ekberg**

Gründung: 1884

Die Geschichte: Der griechische Goldschmied Sotirios Bulgari kehrte seinem Heimatland den Rücken, siedelte nach Rom über, eröffnete dort ein Atelier und machte sich mit seinen originellen Schmuckkombinationen in verschiedenen Farben und Formen einen Namen. In den 1920er-Jahren integrierte Bulgari in seine Kreationen aus Diamanten und Platin geometrische Art-déco-Elemente. Ab den 1940er-Jahren sorgte die Verwendung stark glänzenden Gelbgolds für mehr italienisches Flair. Das Geschäft in der Via Condotti wurde in den 1950er- und 1960er-Jahren dank der Besuche berühmter Filmstars zu einem Schauplatz der *dolce vita*. In den 1970er-Jahren gingen die Brüder Bulgari, die dritte Generation der Goldschmiedefamilie, neue Wege und ließen sich von Fernost und Pop-Art inspirieren. Kostbarer Schmuck, Modeschmuck, Uhren und seit 2011 auch Taschen wurden zu Requisiten eines ganzen Lifestyles; bald bot das Unternehmen auch Parfums an und eröffnete in aller Welt luxuriöse Hotels.

Wie lässt sich der Stil beschreiben? Zur Sinnlichkeit der Form gesellen sich strenge Linien und der Glanz und das Leuchten farbiger Steine: Bulgari steht in erster Linie für Luxus und Kostbarkeit.

Der Insider-Satz: *»Mit dieser Tasche komme ich ohne weiteren Schmuck aus.«*

GUT ZU WISSEN

Den Schlangenkopf, der den Taschenverschluss ziert, findet man auch an Armbändern aus geflochtenem Leder.

WER TRÄGT BULGARI?

Alle Stars lieben den Schmuck von Bulgari: Elizabeth Taylor, Audrey Hepburn oder Ingrid Bergman haben ihn einst getragen, Lady Gaga, Dua Lipa und Charlize Theron schmücken sich heute damit. Und Bulgari-Taschen schwingen am Arm der angesagtesten jungen Stars, darunter Hailey Bieber, Olivia Palermo und Taylor Swift.

SERPENTI FOREVER

Die Schlange ist das Erkennungszeichen von Bulgari und könnte vielleicht sogar als Firmenlogo fungieren. Ihren ersten Auftritt hatte sie an einer Uhr. Der Verschluss in Form eines Schlangenkopfes, der heute die Taschen ziert, besteht aus vergoldetem Messing und ist mit schwarzen und weißen Emailleschuppen verziert; die Augen sind aus Malachit. Je nach Modell können auch andere Steine wie Rosenquarz oder Onyx den Schlangenkopf schmücken. Die Tasche selbst ist aus Leder gefertigt, das mitunter sehr wertvoll und oft leuchtend bunt gefärbt ist. Mit einer Kette als Trageriemen verleiht die Serpenti Forever jedem Outfit einen Hauch von Luxus und Zeitlosigkeit.

BULGARI

Mitunter arbeitet Bulgari mit Künstlern zusammen, um seinen Taschen ein neues Erscheinungsbild zu geben. Auch die Modeschöpferin Mary Katrantzou versuchte sich an dieser Aufgabe. Ihre Stickerei auf schwarzem Untergrund stellt eine eingerollte Schlange dar, die von einer Vielzahl von Schmetterlingen umschwirrt wird. Hohe Täschnerkunst und sehr kreativ.

BVLGARI

BIBI

Für diese Tasche stand ein Eimer oder eine Hutschachtel Pate. Bibi wird in der Hand oder in der Ellenbeuge getragen. Sie besteht aus Leder oder Lackleder und ist stets sehr hip.

CELINE

IKONISCHER HIT · IKONISCHER HIT ·

TRIOMPHE

Hedi Slimane versteht sich auf Taschen. Unter anderem schuf er eine Kollektion namens »Haute Maroquinerie«, deren Modelle nur auf Bestellung hergestellt werden. Das beauftragte Stück wird dann von einem einzigen Täschner gefertigt und mit einem Ornament aus 18-karätigem Gold verziert. Doch auch das Prêt-à-porter-Segment weiß Slimane meisterlich zu bedienen, etwa mit der Tasche Triomphe, die er 2018 entwarf und die sofort in die Ruhmeshalle der It-Bags einging. Ihr von dem Celine-Logo der 1970er-Jahre inspirierter Verschluss ist das Erkennungszeichen für all jene, die eine zeitlose, mit der Geschichte des Modehauses eng verbundene Tasche besitzen möchten.

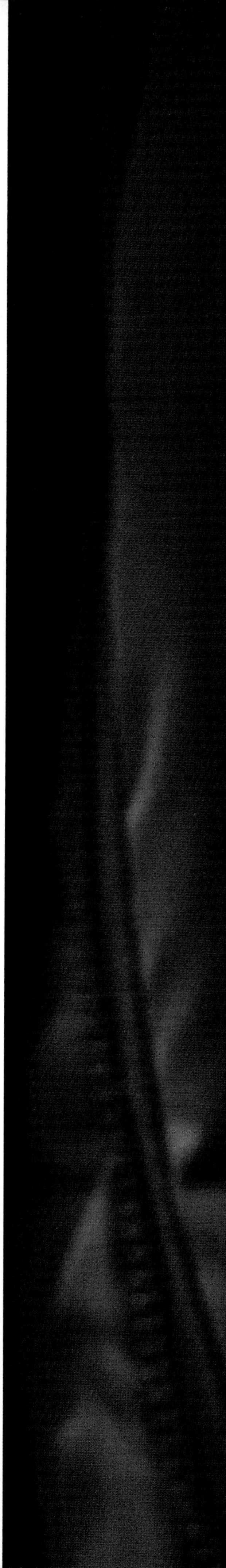

CHANEL
ABSOLUT ZEITLOS

»Mode vergeht, Stil bleibt.«

Coco Chanel in *Le Temps Chanel*, Éditions Grasset, 1980, S. 244

Kann Schlichtheit das Höchstmaß an Luxus darstellen? Coco Chanel (laut Geburtsurkunde eigentlich Gabrielle Bonheur Chasnel) antwortete auf diese Frage mit dem »kleinen Schwarzen«, dem Tweedjäckchen und der Handtasche 2.55, die alle Zeit überdauert, ohne an Attraktivität zu verlieren. Die Modeschöpferin ließ sich von Herrengarderobe inspirieren, um lässigen Chic für Damen zu erfinden, und wagte einige Revolutionen in der Mode, ohne ihre Vorliebe für den klassischen Stil aufzugeben. Indem sie Handtaschen mit einem Schulterriemen versah, schenkte sie den Frauen Bewegungsfreiheit. Nach ihrem Tod 1971 führten erst Karl Lagerfeld und nach ihm Virginie Viard diesen Stil fort, der gute Chancen auf Ewigkeit hat. *»Meine Legende soll ihren Weg gehen, ich wünsche ihr Glück und ein langes Leben!«*, sagte einst Coco Chanel (*L'Allure de Chanel*, Paul Morand, Éditions Hermann, 1996). Ihr Wunsch scheint in Erfüllung gegangen zu sein.

7 WICHTIGE JAHRE

1910
Coco Chanel eröffnet in der Rue Cambon Nr. 21 in Paris ein Hutgeschäft mit dem Namen »CHANEL Modes«.

1912
Aus Jersey, bis dahin Herrenunterwäsche vorbehalten, näht die Modeschöpferin Damenkleidung. Sie eröffnet eine Boutique in Deauville. Sechs Jahre später erwirbt sie das Gebäude in der Rue Cambon Nr. 31 und bringt darin ihr Modehaus und die Ateliers unter.

1939
MIt Beginn des Zweiten Weltkriegs wird das Modehaus geschlossen. Nur die Boutique in der Rue Cambon bleib geöffnet und verkauft Parfums und Accessoires.

1954
Im Alter von 71 Jahren lässt Coco ihr Modehaus wieder aufleben und lädt am 5. Februar 1954 zu einer Modenschau ein.

1971
Am 10. Januar stirbt Coco Chanel im Ritz. Ihre posthume Kollektion wird ein Riesenerfolg.

1983
Karl Lagerfeld wird zum Art Director der Modeentwicklung und der Haute-Couture-Kollektionen von CHANEL ernannt. Er nimmt die Croisière-Kollektionen wieder ins Programm auf und führt die Métiers d'art und die Vorkollektionen ein.

2019
Nach Karl Lagerfelds Tod übernimmt seine Assistentin Virginie Viard die künstlerische Leitung des Hauses.

01

SCHON GEWUSST?
Coco Chanels Mutter Jeanne Devolle war Wäscherin und Büglerin. Im Alter von 20 Jahren brachte sie am 19. August 1883 in Saumur Coco (Gabrielle) zur Welt. Damit ist die Couturière im Sternzeichen des Löwen geboren – und erwählte sich den Löwen als Glücksbringer.

02

03

04

UND DAS AUCH?
Coco Chanel hatte zwei Lieblingslieder, in denen »Coco« vorkam, der Kosename, den ihr Vater ihr gegeben hatte: *Qui a vu Coco?*, in dem es um einen kleinen Hund geht, der sich am Trocadéro verirrt, und *Ko-Ko-Ri-Ko*, der Hahnenschrei.

05

DIE 5 CHANEL-KENNZEICHEN

01.
Die Steppung
Inspiriert von den Jacken der Jockeys auf den Pferderennbahnen

02.
Die Kamelie
Cocos Lieblingsblume

03.
Perlen
Coco Chanel trug gerne lange Perlenketten.

04.
Das Tweedjäckchen

05.
Schwarz und Weiß
Die beiden Symbolfarben des Hauses

2.55
DIE ALLERBERÜHMTESTE

1955

Bereits in den frühen 1920er-Jahren kreierte Coco Chanel Taschen, die ihren Trägerinnen mehr Bewegungsfreiheit ermöglichen sollten. Damit Frauen ihre Taschen nicht die ganze Zeit in der Hand halten mussten, brachte sie einen Riemen an, mit dem sich die Tasche über der Schulter hängend tragen ließ. *»Ich war es leid, meine Taschen ständig in der Hand halten zu müssen und sie dann doch zu verlieren«*, erzählte Coco Chanel (zitiert nach Paul Morand, *L'Allure de Chanel*). Die Handtasche 2.55 stellte sie anlässlich der Wiedereröffnung ihres Modehauses vor. Der Name bezieht sich auf das Datum: Coco Chanel lancierte die Tasche im Februar 1955. Die Modeschöpferin war damals bereits 72 Jahre alt.

Im Februar 2005 brachte das Haus Chanel anlässlich des 50-jährigen Jubiläums der 2.55 eine Neuauflage dieser legendären Tasche heraus, die wie kein anderes Objekt die Freiheitsliebe der Couturière symbolisiert und auf alles verweist, was sie geprägt hat.

WAS SIND DIE BESONDEREN KENNZEICHEN?

- **Vergoldete Metallkette** oder auch versilbert, mit flachen Kettengliedern, die als Henkel und Schulterriemen dient. Sie erinnert an den Kettengürtel, an dem Klosterschwestern ihre Schlüssel befestigen.
- **Drei Fächer im Inneren,** deren schmalstes für den Lippenstift gedacht ist.
- **Steppung** des patinierten Kalbsleders. Diese erinnert an die Jacken, die von Jockeys auf Galopprennbahnen getragen werden. Coco war eine leidenschaftliche Reiterin.
- **Das kleine Reißverschlussfach** an der Innenseite der äußeren Umschlagklappe, »das Geheime« genannt. Coco soll darin Liebesbriefe versteckt haben.

- **Die verschlungenen Cs,** das Monogramm von CHANEL an der Innenseite der Klappe.
- **Der schlichte Verschluss,** stets rechteckig, der auch »Mademoiselle« genannt wird, nach einem Spitznamen der Couturière, die sich stets geweigert hat zu heiraten.
- **Der Anti-Diebstahl-Trick?** Die Tasche besitzt eine doppelte Umschlagklappe mit zwei Verschlüssen, einen mit Druckknopf, der zweite ist der sichtbare Verschluss.
- **Eine rückwärtige Einschubtasche** mit dem Spitznamen »das Lächeln der Mona Lisa«, und eine vordere Tasche unter der Klappe.

ES GIBT DIE 2.55 IN DREI GRÖSSEN
24 × 16 × 7 cm/28 × 17 × 8,5 cm/
32 × 19 × 9,5 cm

MATERIALIEN
Die Version von 2005 ist aus Leder, es gibt sie aber auch in vielen anderen Ausführungen, u. a. aus Tweed, Satin, Jersey oder Denim.

DIE HERSTELLUNG
Die Taschen sind handgefertigt und werden seit 1990 ausschließlich in der firmeneigenen Manufaktur in Verneuil-en-Halatte in der Region Oise in Frankreich hergestellt.

DIE FERTIGUNG EINER TASCHE
erfordert 185 Handgriffe und 15 Arbeitsstunden.

IHR WERT
Der Wert der Tasche hört nicht auf zu steigen, und das mit ziemlichem Tempo. Zweifellos eine gute Investition.

11.12
DIE KLASSISCHE

1973

Nach seinem Arbeitsantritt im Hause Chanel 1983 erfand Karl Lagerfeld die 1973 erstmals lancierte 11.12 neu. Für jede Kollektion ließ Lagerfeld seiner Kreativität freien Lauf und entwarf die Tasche in den unterschiedlichsten Materialien und Farben. Aus Lammleder, Lackleder, Tweed, Denim, bestickt, rosa, gelb oder orange. Wie ein Chamäleon passt sich die Tasche an die jeweilige Saison an. Das Futter wird auf das äußere Material abgestimmt. Heute spielt Lagerfelds Nachfolgerin Virginie Viard mit dieser zeitlosen Tasche, die sich in jeden Trend einzufügen vermag.

CAMÉRA

1980

Das von Fotografen- und Reportertaschen inspirierte Modell Caméra stammt aus den 1980er-Jahren und weist zwei typische Merkmale von Chanel auf: die Diamant-Steppung und die Metallkette, die auch mit Lederstreifen durchflochten sein kann. Je nach Saison verändern sich Farbe und Kette, und die Tasche hat mehr oder weniger Innenfächer. Manche Versionen sind mit *Lucky charms* (kleinen Löwen, Kleeblatt, Herzen, Kamelien) verziert, den Glücksbringern, die Coco Chanel so liebte.

BOY CHANEL

2011

Dieser Taschenname ist ein Akt der Ehrerbietung für Arthur »Boy« Capel, Polospieler und Coco Chanels Jugendliebe, der ihr geholfen hatte, ihre erste Pariser Boutique zu eröffnen. Die rechteckige Tasche mit klarer Linienführung und einem Verschluss, der sich öffnet, wenn man ihn seitlich zusammendrückt, trägt, wie alle Taschen des Hauses, das Monogramm mit den verschlungenen *Cs*. Die Kette besteht aus flachen, breiten Gliedern und ermöglicht es, die Tasche über der Schulter oder als Crossbody zu tragen. Von der Form her erinnert Boy Chanel an Taschen, die ursprünglich für Jäger entworfen wurden – so ist die Tasche wieder als eine von Lagerfelds Spielereien mit den Dresscodes der Geschlechter zu verstehen, deren Unterschiede er gerne verwischte. Die Boy Chanel gibt es in Kalbs- und Lammleder, aber auch aus unterschiedlichsten Stoffen, darunter Tweed und Samt, und in allen Farben. Besonders nachgefragt von Sammlerinnen und Sammlern sind Exemplare aus exotischem Leder, die seit 2019, als CHANEL beschloss, auf diese Lederarten zu verzichten, besonderen Seltenheitswert haben. Ebenso begehrt: die Version Mermaid mit ihrer in Regenbogenfarben irisierenden Kette.

PETIT VANITY

1990

Dieses Beautycase wurde unter Karl Lagerfelds Zeichenstift bereits in den frühen 1990er-Jahren zur Handtasche, doch zunächst kam sie abends noch nicht zum Einsatz. Erst 2015 wurde bei der im Stil eines Flughafen-Terminals inszenierten Modenschau eine zur Abendtasche mutierte Vanity vorgestellt. Sie sah wie ein Köfferchen aus und war mit einem von Coco Chanels typischen Glücksbringern und einem Schlüssel verziert. Ihre kleine Schwester Petit Vanity ist ein noch kleineres Köfferchen, kann aber auch rund oder rechteckig sein. Man trägt sie als Umhängetasche über der Schulter oder als Henkeltasche.

GABRIELLE DE CHANEL

2017

Die Inspiration zur Form dieser Tasche soll eine Virtual-Reality-Brille gewesen sein. Mit dem weichen Taschenkörper (ursprünglich aus gestepptem Kalbsleder) und dem festen Boden aus Glattleder unterscheidet sich die Tasche sehr stark von den anderen Modellen des Hauses. Dank der doppelt laufenden Kette lässt sie sich auf verschiedene Arten tragen: kurz oder lang über der Schulter oder als Crossbody. Nicht zu übersehen sind die Steppung und die verschlungenen Cs am Reißverschluss.

CHANEL 19

2019

Als Hommage an die 2.55 wurde die CHANEL 19 im – wie ihr Name verrät – Jahr 2019 geboren. Sie ist die letzte von Karl Lagerfeld entworfene Handtasche und entstand in Zusammenarbeit mit Virginie Viard, die als künstlerische Leitung für CHANELs Modekollektionen auf ihn folgte. Die Tasche ist strukturiert und gleichzeitig sehr weich. Mademoiselle Chanel hätte sie geliebt, denn diese Tasche schenkt der Person, die sie trägt, eine große Bewegungsfreiheit. Mit der langen und der kurzen Kette lässt sie sich über der Schulter, als Crossbody oder in der Hand tragen. Das übliche Monogramm ist größer, und die beiden Cs sind mit einem Lederriemen durchflochten, ebenso die lange Kette, die es in drei Ausführungen gibt: in Silber, patiniertem Gold und in Ruthenium. Die Diamant-Steppung, hier ebenfalls großflächiger als bei Vorgängermodellen, ziert die unterschiedlichsten Materialien: Lammleder, Denim, Jersey, Tweed, Seide … Fans des Hauses, die Purismus bevorzugen, begeisterten sich sofort für die Tasche, ist sie doch die Quintessenz des in die Moderne transportierten Klassikers.

CHANEL 22

2022

Die 2022 von Virginie Viard erdachte Tasche ist aus feinem weichen Leder und dennoch widerstandsfähig. Sie zählt zu den am wenigsten strukturierten Modellen von Chanel, weist jedoch alle für das Haus wichtigen Merkmale auf: Steppung, mit Leder verflochtene Metallkette und den Markennamen, der in großen Lettern auf der Tasche prangt. Ein Magnetknopf dient als Verschluss, an der Kette hängt ein Medaillon mit dem Prägedruck »CHANEL PARIS« und den verschlungenen Cs. Von dieser Tasche gibt es auch eine Rucksackversion.

CHANEL
CHANEL
CHANEL
CHANEL
CHANEL
CHANEL PARIS

MINAUDIÈRES
UND ANDERE SCHÖPFUNGEN

Die Abendtäschchen aus dem Hause CHANEL sind oft von Humor geprägt. Muschel, Nähgarn, Seilbahnkabine, Rollkoffer, Motorradhelm, Jukebox oder ein Flakon des Parfums No. 5 sind nur einige ihrer Inspirationsquellen. Das Ergebnis sind Täschchen, die abends – oder auch tagsüber – garantiert alle Blicke auf sich ziehen.

CHANEL
CHANEL
CHANEL
CRUISE

DIE GEBURT EINES KLASSIKERS

In den Ateliers in Verneuil-en-Halatte bei Paris entstehen die CHANEL-Taschen. Hier die Fertigungsschritte der legendären 11.12.

01

Anhand der Schnittmuster wird das Leder zugeschnitten. Dafür werden die makellosen Partien der Häute ausgesucht. Ausgeschnitten wird mit Laser oder mit Stanzformen.

02

Die zugeschnittenen Teile werden bearbeitet, um die für die Steppung – das Markenzeichen des Hauses – erwünschte Stärke zu erhalten. Das Steppen erfolgt maschinell.

03

Die fertigen Teile werden von Hand oder mit der Maschine links auf links zusammengenäht und dann mit einem besonderen Handgriff, den nur Fachleute beherrschen, gewendet. Die auf rechts gedrehte Tasche wird mit ein paar gezielten Hammerschlägen in Form gebracht.

04

Nun wird das Innenleben eingesetzt. Es ist, als würde man in die große Tasche eine kleine einfügen. Erfahrene Hände beherrschen jeden Griff.

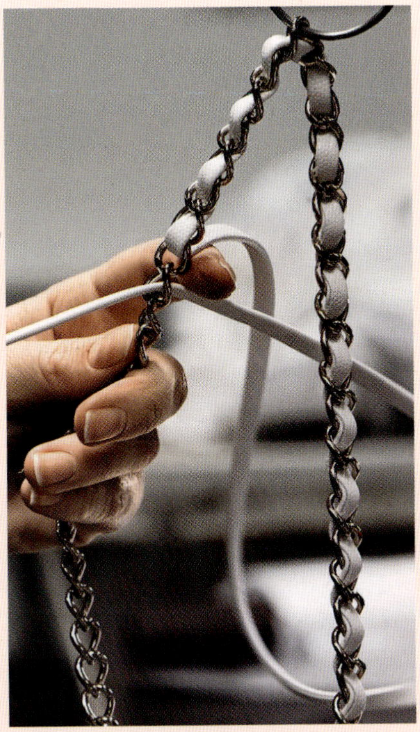

05

Die Kette aus Metall und Leder, Ösen, der Verschluss und weitere Metallteile werden angebracht.

06

Ganz wichtig: die Qualitätskontrolle. Ein schiefer Nahtstich, ein Kratzer im Leder oder irgendein anderer kleiner Fehler, und dieses Exemplar wird nie zum Verkauf freigegeben.

CHLOÉ
LUXUS À LA BOHÈME

»Ich wollte immer nur, dass Chloé fröhlich wirkt, um die Leute glücklich zu machen.«

Gaby Aghion, Gründerin von Chloé

Gründung: 1952

Die Geschichte: Gaby Aghion zählt zu den Pionierinnen der Luxuskonfektion. Die erste Modenschau des Hauses, um die Mode für die Saison Frühjahr/Sommer 1958 vorzustellen, fand in Paris in dem bei Künstlern und Künstlerinnen beliebten Café Flora statt. Im selben Jahr stellte Aghion den jungen Designer Gérard Pipart ein und beauftragte ihn mit dem Entwurf der Kollektionen. Weitere Designer folgten, darunter 1964 Karl Lagerfeld, der zwei Jahre später zum Chefdesigner aufstieg und für den Stil des Hauses die Schlüsselbegriffe *bohème, nomade* und *romantique* festlegte. Als Lagerfeld 1983 Chloé verließ, um für CHANEL zu arbeiten, trat eine Reihe von Designern und Designerinnen seine Nachfolge an, darunter auch Martine Sitbon, doch 1992 kehrte King Karl zurück. 1997 übernahm Stella McCartney die künstlerische Leitung des Hauses und bereicherte es um ein rockiges, sexy Flair. 2001 trat ihre bisherige Assistentin Phoebe Philo an McCartneys Stelle. 2005 wurde eine Taschenserie lanciert, zu der auch Paddington gehörte, die erste einer langen Reihe von It-Bags. Danach wurde die künstlerische Leitung nacheinander in die Hände von Paulo Melim Andersson, Hannah MacGibbon, Clare Waight Keller, Natacha Ramsay-Levi und Gabriela Hearst gelegt, die das Haus im Jahr 2023 verließ. Die neue Kreativdirektorin ist Chemena Kamali.

Wie lässt sich der Stil beschreiben? Très Seventies, zarte Bohème mit einer Prise Nomadenromantik.

Der Insider-Satz: *»Eine Chloé-Tasche lässt einen sofort cool aussehen.«*

WER TRÄGT CHLOÉ ?

Kate Bosworth, Lucy Boynton, Amber Heard, Katie Holmes, Angelina Jolie, Sienna Miller, Demi Moore, Emma Roberts, Olivia Wilde.

GUT ZU WISSEN

Bis spätestens 2025 will Chloé für alle Kollektionen zu 90% umweltverträgliche Materialien verwenden.

EDITH

2006-2021

Gabriela Hearst hat dieser 2006 kreierten It-Bag neues Leben eingehaucht. Edith war die erste Luxustasche, die Hearst sich einst gönnte. Was war nach ihrem Aufstieg zur Art-Direktorin also naheliegender, als sich dieses Modell vorzunehmen? Die neue Version hat immer noch den Seventies-Look, der ja auch das Markenzeichen des Hauses ist. Aus Büffelleder gefertigt, weist sie die typischen Nähte und das mit Riemen und Schnallen ausgestattete Täschchen an der Vorderseite auf. Ein abnehmbarer Schultergurt gehört mit dazu.

MARCIE

2010

Eine der zeitlosesten It-Bags des Hauses. Über zehn Jahre nach ihrer Geburt ist Marcie immer noch sehr begehrt. Die weiche Tasche mit den geschwungene Linien besteht aus genarbtem Kalbsleder, ist mehrfach abgesteppt und mit lässig herabhängenden Lederbändern versehen. Ein besonderer Hingucker sind die von Hand umwickelten Henkel.

DREW

2014

Diese Protagonistin der Herbstkollektion 2014 im stark an die Siebzigerjahre erinnernden Stil einer Satteltasche ist aus weichem Leder gefertigt. Die Details aus vergoldetem Metall machen sie besonders schick: überdimensionale Ringe, Kettenknoten und ein Schloss mit Riegel als Verschluss sorgen für modern und leger wirkenden Glamour.

FAYE

2015

Die Faye bleibt der klaren Ästhetik der Siebzigerjahre treu, zeigt sich mit ihrem originellen Verschluss aus Ring, Karabiner und Kette gleichzeitig aber auch modern. Die Tasche ist der Beweis, dass man zu 100% auf weibliche Weise bohèmehaft und gleichzeitig schick sein kann.

NILE

2017

Ringe sind definitiv fester Bestandteil der Taschen von Chloé. Dieser hier ist mehr als nur Dekor, denn er lässt sich auch als Henkel zum Tragen der Tasche verwenden. Deshalb wird dieses Modell mitunter auch als »Armreiftasche« bezeichnet. Man kann sie aber auch als Crossbody tragen. Die abgerundete Form ist ein Tribut an den Bohème-Geist des Hauses.

TESS

2018

Und wieder ein Ring! Die Tess aus Glattleder oder Kalbsvelours greift die Linienführung der Taschen Drew und Nile auf und hat von der Faye den Ring übernommen. Hier abgebildet ist die kleine Version, es gibt aber auch die Tess Day und die Minihandtasche Tess Day sowie eckige Varianten mit Ring, Henkel und Schulterriemen.

CHLOÉ

PENELOPE

2023

Die Linie Penelope ist nach der griechischen Sagenheldin und Ehefrau des Odysseus benannt. Sie steht für eine starke, freie und unabhängige Frau. Die weiche Tasche verfügt über besondere handwerkliche Akzente und raffinierte Details, so etwa an der Umschlagklappe mit den geflochtenen Lederschnüren und Quasten, dem vergoldeten Verschluss, der von älteren Schmuckstücken des Hauses inspiriert ist, und den Karabinern am Riemen. Penelope gibt es in zahlreichen Farben und Materialien sowie in verschiedenen Größen.

CHRISTIAN LOUBOUTIN
DER EXTRAVAGANTE

»Ich bin Designer und finde, dass man den Menschen eine fantasievolle Mode anbieten sollte.«

Christian Louboutin

Gründung: 1991

Die Geschichte: Alles begann mit dem Piktogramm eines durchgestrichenen Schuhs mit hohem, spitzen Absatz in einem Pariser Museum, das den zehn- oder zwölfjährigen Christian nachhaltig faszinierte. Ein kurzes Zwischenspiel im Pariser Varieté-Theater Folies Bergères, wo er den Tänzerinnen beim Anziehen der Schuhe half, verstärkte seine Leidenschaft für Schuhe. Nach Lehrjahren bei Roger Vivier, dem Erfinder des Stilettoabsatzes, gründete Louboutin mit 27 Jahren sein eigenes Label. Und als er auf die Idee kam, die Sohlen seiner Kreationen rot zu färben, ging es steil bergauf: Sofort verliebten sich alle Modefans weltweit in seine verführerischen Schuhe. Christian Louboutin lieferte die Schuhe für die Schauen zahlreicher Modehäuser, darunter Jean Paul Gaultier, Azzaro, Roland Mouret, Givenchy, Alexandre Vauthier und sogar Yves Saint-Laurent. In den frühen 2000er-Jahren begann Louboutin, Taschen zu entwerfen, doch erst im Jahr 2003 kam mit Sweet Charity die erste Handtaschenlinie auf den Markt.

Wie lässt sich der Stil beschreiben? Wenn man den Namen »Christian Louboutin« hört, denkt man sofort an sexy Schuhe mit roter Sohle. Was die Handtaschen betrifft, so sind sie vor allem fröhlich, bunt und damit natürlich auch extravagant.

Der Insider-Satz: *»Ich mag die Taschen von Christian Louboutin sehr, denn sie sind groß genug, um darin meine Schuhe mit den roten Sohlen unterzubringen, die ich dann bei Bedarf raushole.«*

GUT ZU WISSEN

Das charakteristische Rot der Louboutin-Schuhsohlen entspricht dem Pantone-Farbcode Nr. 18.1663TP und ist als Marke eingetragen. Der Europäische Gerichtshof hat 2018 bestätigt, dass Louboutin die alleinigen Markenrechte an den roten Sohlen besitzt.

WER TRÄGT LOUBOUTIN?

Rihanna, Blake Lively, Margot Robbie, Taylor Swift … Zu den Fans seiner Taschen zählen Emily Blunt, Jennifer Lopez, Olivia Palermo, Yara Shahidi und Ditta von Teese.

SWEET CHARITY

2003

Die allererste Tasche der 2003 lancierten Linie bestand aus Leder und hatte einen an eine Schuhspitze erinnernden Verschluss. Heute ist sie nicht mehr Teil der Kollektion.

CABATA

2020

Die Signature-Tasche des Hauses. Als Anspielung auf seine Schuhe sind der Boden der Tasche und die Innenseiten rot. Bei allem anderen ließ der Modeschöpfer seiner Kreativität freien Lauf: genarbtes, genietetes, bedrucktes Leder, Metallspitzen, Bast, Baumwolle oder Stickereien, alles ist möglich. Seit 2016 stellt Christian Loubutin jedes Jahr im Mai einen Shopper vor, zu dem ihn seine Reisen inspirierten: nach Afrika, Mexiko, Portugal, Griechenland, Spanien … seine Art, dem bereisten Land Ehre zu erweisen, aber auch zu zeigen, was er kann. Ein Teil der Einnahmen aus dem Verkauf gehen an wohltätige Organisationen, die auf irgendeine Weise mit dem jeweiligen Land verbunden sind.

CL

COACH

IKONISCHER HIT · IKONISCHER HIT ·

TABBY

Diese Neuinterpretation eines Coach-Modells aus den 1970er-Jahren sieht aus, als hätte es sie schon immer gegeben. Innerhalb kürzester Zeit ging Tabby auf TikTok viral, und der Hashtag #coachtabby hatte über 40 Millionen Aufrufe. Hinzu kommt, dass Jennifer Lopez ihre Botschafterin ist und sehr oft mit ihr gesehen wird. 1941 war Coach nur eine kleine Täschnerwerkstatt, ein Familienbetrieb an der 34th Street in Manhattan, der auf handgenähte Brieftaschen spezialisiert war. Eine echte amerikanische Erfolgsstory, deren Modernität Tabby unter Beweis stellt.

DELVAUX
LUXURIÖSES VERMÄCHTNIS

»Wir gehen nicht mit der Mode, sondern spielen mit ihr.«

Jean-Marc Loubier, CEO von Delvaux

Gründung: 1829

Die Geschichte: Ursprünglich nutzten Charles Delvaux und seine Frau Jeanne Présent ihr handwerkliches Können, um Koffer und andere Reiseartikel herzustellen, die sie in ihrem Geschäft in Brüssel verkauften. Ihre hochwertigen Produkte waren so geschätzt, dass sie 1883 zu Hoflieferanten des belgischen Königshauses ernannt wurden. 1908 war Delvaux das erste Unternehmen, das sich ein Handtaschenmodell patentieren ließ: die Princesse. 1933 übernahm Franz Schwennicke die Leitung. Er machte aus Delvaux eine Marke, die ebenso exklusiv war wie die großen Modehäuser, und führte saisonale Kollektionen ein. Nach seinem Tod 1972 modernisierte seine Witwe Solange das Label. Anstatt sich auf seinem Ruhm auszuruhen, entwickelte Delvaux originelle, vom belgischen Surrealismus beeinflusste Kreationen.

Wie lässt sich der Stil beschreiben? Luxuriös und zeitlos. Hohe Handwerkskunst. Klare Linien, kombiniert mit interessanten Details wie Schnallen, Nieten oder dem Buchstaben *D*. Delvaux-Taschen sind über alle Modetrends erhaben.

Der Insider-Satz: *»Man muss schon legendär gut sein, um es sich leisten zu können, auf seine ikonische Tasche zu schreiben: ›Ceci n'est pas un Delvaux‹ (›Das ist keine Delvaux‹).«*

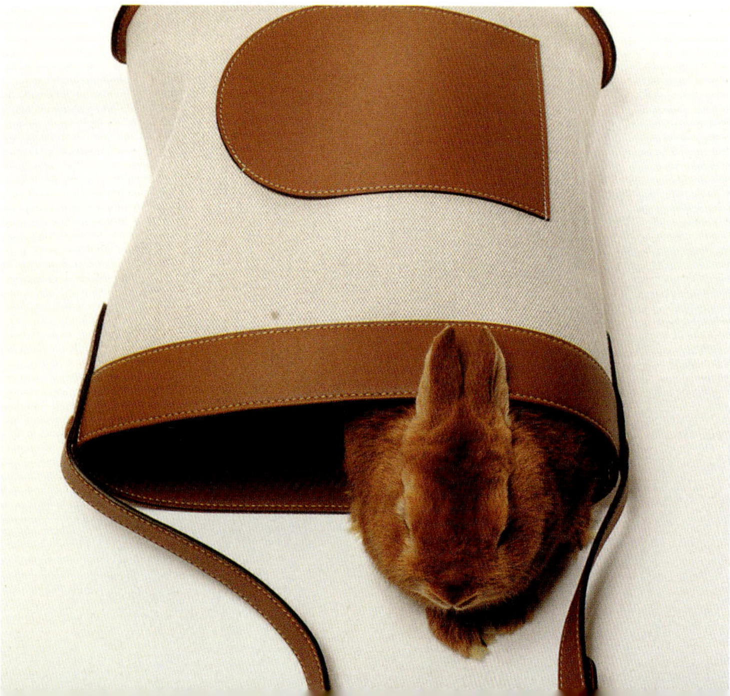

WER TRÄGT DELVAUX ?

Alexa Chung, Lily Collins in *Emily in Paris*, Céline Dion, Selena Gomez, Angelina Jolie, Lady Gaga und Olivia Palermo.

GUT ZU WISSEN

Delvaux besitzt ein monumentales Vermächtnis, bestehend aus über 3000 Taschenmodellen, die seit 1829 kreiert wurden. Damit nichts in Vergessenheit gerät, ist alles in ein goldenes Buch eingetragen.

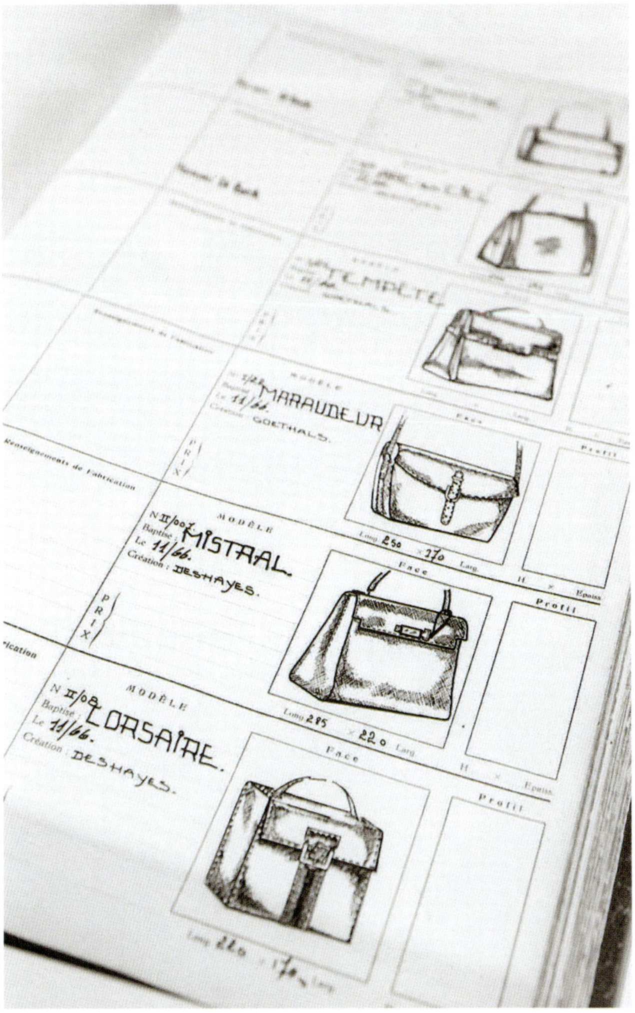

TRUNK LABEL (1883) MUSEUM DELVAUX

BRILLANT

1958

Die von dem Designer Paule Goethals anlässlich der Weltausstellung 1958 in Brüssel entworfene Brillant ist die ikonische Tasche der Marke und an der D-förmigen Schnalle leicht erkennbar. Goethals hatte sich von dem von Le Corbusier für die Weltausstellung entworfenen Philips-Pavillon anregen lassen. Mit ihrer architektonischen Linienführung setzt sich die Brillant aus 64 Leder- und Metallteilen zusammen, ihre Herstellung dauert über acht Arbeitsstunden. Sie taucht immer wieder in den Kollektionen auf, und mittlerweile gibt es unzählige Varianten. Für Lady Gaga, einen Fan der Marke, wurde eine Tasche mit dem Aufdruck »Love for Sale« gefertigt, dem Titel eines Albums, das sie 2021 gemeinsam mit Tony Bennett herausbrachte. Auch die Schnalle der Brillant erlebte vielfache Veränderungen: Sie kann mit Perlen oder Kristallen geschmückt sein, zweifarbig, monochrom oder metallisch … Es gibt die Brillant in unterschiedlichen Formaten, und sie kann als Handtasche, als Schultertasche oder als Crossbody getragen werden.

TEMPÊTE

1967

Ebenso wie die Brillant wurde auch diese Tasche von Paule Goethals entworfen, und zwar als Teil der Kollektion »Yachting«. Und erinnert ihre Trapezform nicht an Segel? Die zwei Nietenreihen auf der Vorderseite sind nicht nur dekorativ, sondern bilden zusammen mit einem Magnetknopf unter der Umschlagklappe den Verschluss der Tasche. Man trägt die Tempête in der Hand oder als Crossbody, und es gibt sie in verschiedenen Größen.

PIN

1972

Inspiriert von Hafersäcken, die Pferden früher umgebunden wurden, verkörpert die Pin mit der Flexibilität ihres Materials die Freiheit und Ungezwungenheit der Siebzigerjahre. Sie ist sehr schlicht gehalten und weist nur eine kleine D-förmige Vordertasche auf – *D* für Delvaux. Der Buchstabe erscheint übrigens auf jedem Modell. Es gibt die Pin auch mit Steppnähten und in unterschiedlichen Farben oder Lederarten, außerdem in verschiedenen Formen und Größen als Henkel- oder Umhängetasche.

DESTREE KÜNSTLERISCHE REINHEIT

»Ich bringe Reinheit gern in Einklang mit Einzigartigkeit.«

Géraldine Guyot, Mitgründerin von DESTREE

Gründung: 2016

Die Geschichte: Géraldine Guyot, Absolventin des Londoner Central Saint Martins College of Art & Design, und Laetitia Lombroso, Inhaberin eines MBA der Pariser Wirtschaftshochschule ESSEC und eines Mastergrades des Pariser Institut Français de la mode, fingen mit der Fertigung von Hüten an, bevor sie eine Handtaschenkollektion, Schmuck und 2021 eine Konfektionslinie herausbrachten. Die wichtigste Inspirationsquelle? Für Guyot, zuständig für den Entwurf der Kollektionen, ist es die zeitgenössische Kunst. Die Taschen von DESTREE besitzen einen ganz eigenen, grafischen Charme und beinahe so etwas wie eine Seele. Ihre Farben überraschen, ihre Asymmetrie macht ihre Modernität aus. Eigentlich sind es Ausstellungstücke.

Wie lässt sich der Stil beschreiben? Grafisch und extrem schick. Jede Kreation weist ein Detail mit hohem Wiedererkennungswert auf.

Der Insider-Satz: *»Obwohl DESTREE kein Logo hat, erkennt man die Taschen dennoch sofort. Das ist wahrer Stil!«*

GUT ZU WISSEN
Unter den Promis, die in DESTREE investiert haben, sind Jessica Alba, Beyoncé, Gisele Bündchen, Gabriela Hearst, Rihanna und Reese Witherspoon. Damit steht außer Frage, dass diese Marke erfolgreich ist.

WER TRÄGT DESTREE ?
Beyoncé, Sofia Richie, Kelly Rutherford.

GUNTHER

2020

Die Ikone des Hauses. Die spiralförmig gewickelte Seidenschnur verleiht dem glatten Kalbsleder einen besonderen Chic und lässt die Tasche eher wie ein Kunstobjekt wirken. Modell Gunther kann auch als Umhängetasche getragen werden. Rost, Tabak, Anis … die Farben passen zum Modell, denn auch sie sind alles andere als gewöhnlich. Und doch gibt es Gunther auch in Schwarz. Diese Tasche adelt jeden Look.

SOL TOTE

2022

Ein schlichter Shopper, und nur einige wenige, gut platzierte Linien genügen, um ihn spektakulär zur Wirkung zu bringen. Es gibt ihn auch mit rund abgesteppten Formen, was durchaus als Firmenlogo durchgehen könnte. Sol Tote ist aus weichem, glattem Kalbsleder.

SIMONE

2023

Von der Form her klassischer als ihre Vorgängerinnen, wirkt diese Umhängetasche mit dem broschenartigen Verschluss dennoch sehr originell. Simone besteht aus Kalbsleder.

DIOR
DIE QUINTESSENZ DER ELEGANZ

»Die Tradition achten und es wagen, respektlos zu sein, denn das eine funktioniert nicht ohne das andere.«

Christian Dior

Diese vier Buchstaben sind der Inbegriff französischer Eleganz. Christian Dior (1905–1957), der Erfinder des 1947 präsentierten New Look, revolutionierte bereits bei seiner ersten Modenschau die weibliche Silhouette: Er unterstrich die Taille und die Hüften und betonte die Büste. Um die Schönheit des gesamten Frauenkörpers von Kopf bis Fuß zur Geltung zu bringen, entwickelte Dior stilvolle Accessoires: Schals, Schuhe, Schmuck und natürlich auch Handtaschen. Das Werk des Couturiers, dessen Modehaus sich in der Avenue Montaigne Nr. 30 befindet, wurde dank einer Reihe von Nachfolgern fortgeführt, die auch die Handtaschen laufend veränderten, zuletzt unter der Ägide Maria Grazia Chiuris, die immer neue ikonische Taschen erfindet. Bei Dior ist Stil definitiv etwas, das fortlebt.

7 WICHTIGE JAHRE

1935
Nach einigen beruflichen Umwegen wird Christian Dior mit 30 Jahren Modezeichner. Er verkauft seine Entwürfe an Modehäuser und arbeitet als Illustrator für *Le Figaro* und *Le Jardin des Modes*. Drei Jahre später wird er als Designer für den Couturier Robert Piguet tätig und ab 1941 für Lucien Lelong.

1947
Am 12. Februar stellt Dior in der Avenue Montaigne Nr. 30 seine erste Haute-Couture-Kollektion für Frühjahr/Sommer vor. In einer Pressemitteilung heißt es: *»Die Linien dieser ersten Kollektion sind typisch weiblich und dazu geschaffen, die Schönheit ihrer Trägerinnen zu unterstreichen.«* Das ist der inzwischen berühmte *New Look*. Miss Dior, das Parfum des Hauses, wird am 1. Dezember lanciert. 1955 beschäftigt das Haus mehr als 1000 Menschen. An der Ecke Avenue Montaigne und Rue François 1er eröffnet Dior seine erste große Boutique.

1957
Christian Dior stirbt im Alter von 52 Jahren an einem Herzinfarkt. Wie von ihm gewünscht, wird sein erster Assistent Yves Saint-Laurent sein Nachfolger. Dieser erstaunt mit seiner Kollektion »Trapèze« die Modewelt.

1960
Marc Bohan wird zum Art Director des Hauses ernannt und erfindet den *Slim Look*. Er wird knapp 30 Jahre bei Dior bleiben.

1989
Der Italiener Gianfranco Ferré übernimmt die künstlerische

SCHON GEWUSST?

Bevor Christian Dior in der Modebranche arbeitete, war er Galerist und leitete zwei Pariser Kunstgalerien. Die erste eröffnete er 1928 zusammen mit seinem Freund Jacques Bonjean in der Rue La Boétie Nr. 34, die zweite 1931 mit Pierre Colle in der Rue Cambacérès Nr. 29. Dort fand im Juni 1933 die erste Surrealistenausstellung statt. *»Wir wollten neben den Meistern, die wir am meisten bewunderten, wie Picasso, Braque, Matisse und Dufy, Maler vorstellen, die wir persönlich kannten und bereits sehr schätzten: Christian Bérard, Salvador Dalí, Max Jacob, die Brüder Bermann …«*, erzählte Dior 1956.

GUT ZU WISSEN

2022 wurde in der Rue François 1er Nr. 11 die Galerie Dior eröffnet. Sie zeigt die berühmtesten historischen Entwürfe des Modehauses und ist so interessant, dass man sie bei einem Parisbesuch unbedingt miteinplanen sollte.

Leitung des Hauses und ist damit der erste Nichtfranzose an der Spitze des Unternehmens.

1996
John Galliano verleiht dem Dior-Stil seine persönliche Note: *»Die Dior-Frau ist die Essenz des Glamours, der Kraft und der Raffinesse«*, erklärt der britische Couturier. Von 2012 bis 2017 ist Raf Simons sein Nachfolger.

2016
Maria Grazia Chiuri wird neue Art-Direktorin. »Ich will wie ein Museumskurator arbeiten: Ich komme in ein Haus, in dem ich ein außergewöhnliches Erbe vorfinde, und werde dessen Elemente sehr frei verwenden«, verkündet die Italienerin, die mit Künstlern und Handwerkern aus aller Welt zusammenarbeitet.

01

02

03

04

05

»Falls Sie sich mit einer einzigen Handtasche begnügen müssen, dann wählen Sie sie entweder in Schwarz oder in Braun, denn so passt sie zu allem. Und wenn Sie eine Abendtasche brauchen, nehmen Sie die goldene.«

Christian Dior, *Le Petit Dictionnaire de la mode* (1954).

DIE 5 DIOR-KENNZEICHEN

01.
Grau und Rosa
Zwei Farben, die an das Haus in Granville erinnern, in dem Dior seine Kindheit verbrachte.

02.
Blumen
Christian Dior liebte Maiglöckchen und trug sie gerne im Knopfloch.

03.
Paris
Das Haus in der Avenue Montaigne Nr. 30 ist in den Augen der Welt die Verkörperung der Mode.

04.
Neoklassizismus
Christian Diors Begeisterung für das 18. Jahrhundert entsprangen zahlreiche Stilmerkmale des Hauses (Toile-de-Jouy, Fontange-Schleife etc.).

05.
Stern
Ein Stern aus vergoldetem Metall wurde zu Diors Glücksbringer.

MONSIEUR DIORS COLIFICHETS

QUADRATISCHE TASCHE MIT RUNDEN HENKELN VON MARC BOHAN (um 1965)
aus Lackleder mit vergoldeten Henkeln

Christian Dior war sich der Wichtigkeit der Accessoires bewusst. »*Die elegante Frau kann nicht auf sie verzichten. Je eingeschränkter ihr Budget für Kleidung ist, desto sorgfältiger sollte sie die Accessoires auswählen.*« Deshalb eröffnete er nahezu zeitgleich zur Präsentation seiner ersten Kollektion in der Avenue Montaigne Nr. 30 einen winzigen Laden, in dem zunächst nur Schmuck, Blumen und Tücher angeboten wurden. Dieser wurde mit der Zeit immer größer, bis er 1955 geschlossen und durch großzügige Verkaufsräume ersetzt wurde, die auch nach Diors Tod mit immer neuen Varianten seines *total look* gefüllt wurden.

HANDTASCHE (1950–1955)
aus blauem Eidechsenleder mit rundem Drehverschluss aus vergoldetem Metall

BÜGELHANDTASCHE (1949–1951)
mit doppeltem Boden, der ein Schmuckfach verbirgt. Aus glänzendem schwarzen Boxleder, Bügelverschluss mit Schloss und einander gegenüberliegende Schieber aus vergoldetem Messing

TASCHE MIT WELLENFÖRMIGEM UMSCHLAG VON MARC BOHAN (um 1975)
aus schokoladenbraunem Boxleder mit vergoldeter Kette und *CD*-Logo aus vergoldetem Metall und Schildpatt

SOMMERLICHE HANDTASCHE (1953) aus geflochtener Baumwolle mit Knipsverschluss

UMSCHLAG-TASCHE (1955) aus braunem Echsenleder mit Druckknopf-verschluss

DER DIOR OBLIQUE-JACQUARD

Der 1967 von Marc Bohan erfundene Oblique-Jacquard ist nach Christian Diors Haute-Couture-Kollektion Herbst/Winter 1950–1951 (Oblique-Kollektion) benannt und wurde zu einem Markenzeichen des Hauses: Die vier sich stets wiederholenden, diagonal in den Stoff eingewebten Buchstaben von »Dior« symbolisieren das Vermächtnis grenzenloser Eleganz.

Ursprünglich hatten Marc Bohan und der Designer Philippe Guiborgé, mit dem Bohan zusammenarbeitete, Zuliefererbetriebe kontaktiert, um einen wasserabweisenden Stoff aus beschichteter Baumwolle zu entwickeln, der zur Fertigung von Reisetaschen und Koffern geeignet war. Dieser Stoff wird auch heute noch in historischen flämischen Webereien hergestellt.

Verwendet wurde der Oblique-Jacquard erstmals für eine Tasche, die bei der Haute-Couture-Schau Frühjahr/Sommer 1969 vorgestellt wurde. In den 1970er-Jahren umhüllte er dann zahlreiche Koffer und Reisetaschen. Auch John Galliano verwendete ihn häufig und designte ganze Logo-Looks. Von den Archiven des Hauses inspiriert, schuf Maria Grazia Chiuri aus diesem Stoff zahlreiche Taschen, darunter die Dior Book Tote. Selbst in Zeiten, in denen Logos in der Modewelt nicht im Trend lagen, ist das von Dior nicht aus der Mode gekommen – zweifellos deshalb, weil es mittlerweile als Bestandteil französischen Kulturerbes angesehen wird und daher als zeitlos gilt.

CHRISTIAN DIOR

LADY DIOR

1995

Knapp 30 Jahre nach ihrer »Geburt« erfreut sich diese Tasche ungebrochener Beliebtheit. Die klare Formgebung mit den beiden an der Oberseite angebrachten Henkeln machte sie von Anfang an zum Klassiker. Es ist genau die Art von Tasche, die Christian Diors Muse Mizza Bricard liebte. Lady Dior ist aus gesteppten Leder gefertigt und greift das im Hause Dior beliebte Flechtmotiv auf, das auch die Stühle im Empire-Stil im Vorführraum des Modehauses zierte. Die Buchstaben D, I, O und R dienen als Anhänger und sind ein Tribut an Monsieur Diors Begeisterung für verspielte Schmuckelemente. Designer der Tasche war Art Director Gianfranco Ferré, der Christian Diors Leidenschaft für die Architektur teilte. Ferré nannte sein Modell damals Chouchou.

Unter John Galliano wurde die Tasche in vielen leuchtenden Farben herausgebracht, passend zu seinen häufig exotisch angehauchten Kollektionen. An Gallianos *Fashion-Party* dürfen Modelle aus Satin, mit Fransen oder aber mit dem ebenfalls für Dior charakteristischen Hahnentrittmuster teilnehmen.

2012 interpretierte Raf Simons die legendäre Tasche und machte sie *très arty*, indem er sie mit der Reproduktion eines von Andy Warhol gezeichneten Schuhs schmückte. Er ließ sie auch mit Perlen oder Blütenmotiven besticken und stellte damit das hohe Niveau der Handwerkskunst des Hauses unter Beweis.

Maria Grazia Chiuri lieferte eine sehr moderne Version der Lady Dior, indem sie die Tasche etwas weicher machte, den Schultergurt verbreiterte und für Dior typische Glücksbringer hinzufügte. Das Steppmuster wurde durch Nieten ergänzt, aus Toile-de-Jouy wurde Leder, glänzende Metalldetails wurden matt.

Dank dieser kreativen und einfallsreichen Modeschaffenden hat die Lady Dior die Jahrzehnte überdauert und blieb dabei jung, wie es sich für eine zeitlose Tasche eben gehört.

LADY-TASCHE

Warum wurde Chouchou
zu Lady Dior?

DER ANLASS

Am 25. September 1995 wurde Prinzessin Diana in Paris erwartet. Zu diesem Anlass wollte die damalige First Lady Bernadette Chirac Diana etwas Hübsches schenken. Diana sollte der Eröffnung einer Cezanne-Retrospektive durch Präsident Jacques Chirac im Grand Palais beiwohnen. Die LVMH-Gruppe, Sponsorin der Ausstellung, organisierte außerdem im Rahmen der Vernissage ein Wohltätigkeitsdinner zugunsten verschiedener Organisationen, darunter auch das Londoner Great Ormond Street Hospital, dessen Patin die Prinzessin war.

DIE WAHL DES GESCHENKS

Eine Woche vor Dianas Besuch rief Bernadette Chirac Jean-Paul Claverie an, einen langjährigen Freund der Prinzessin und Berater von Bernard Arnault, dem Chef und größten Anteilseigner der LVMH-Gruppe, und bat ihn um Tipps für ein passendes Geschenk. Es war Arnault, dem die neue Tasche von Dior einfiel, die zu diesem Zeitpunkt erst als Prototyp existierte.

DIE UMSETZUNG
Eine Woche ist eine kurze Zeit, doch in den Ateliers wurde rund um die Uhr gearbeitet, um die Handtasche aus schwarzem Leder mit vergoldetem Schmuckanhänger rechtzeitig vor der Ankunft der Prinzessin fertigzustellen.

DIE ÜBERGABE
Bei der Teestunde im Élysée-Palast überreichte Madame Chirac in Anwesenheit von Monsieur und Madame Arnault und dem Präsidenten der Prinzessin die Handtasche.

DER ENTSCHEIDENDE AUFTRITT
Zwei Monate später stieg Diana mit genau dieser Handtasche in Buenos Aires aus dem Flugzeug. Ein Foto wurde geschossen, das um die Welt ging.

EINE LADY-TASCHE
Man sah Diana noch oft mit dieser Tasche, und sie bestellte sich weitere Modelle, u. a. in Marine und Himmelblau. Die Umbenennung in Lady Dior ergab sich praktisch von alleine.

DIE GEBURT EINER LADY DIOR

In den italienischen Ateliers in Scandicci bei Florenz entstehen die Prototypen der Dior-Taschen, die Einzelanfertigungen und die Serien mit limitierter Auflage.

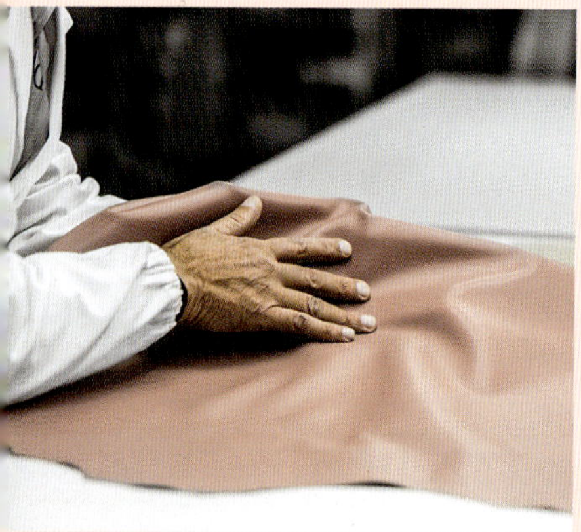
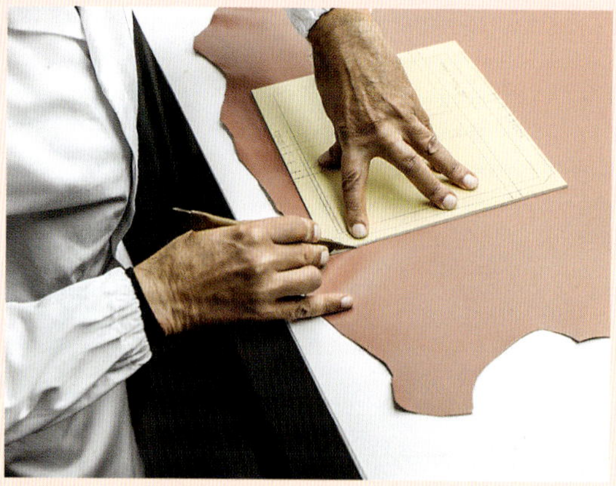
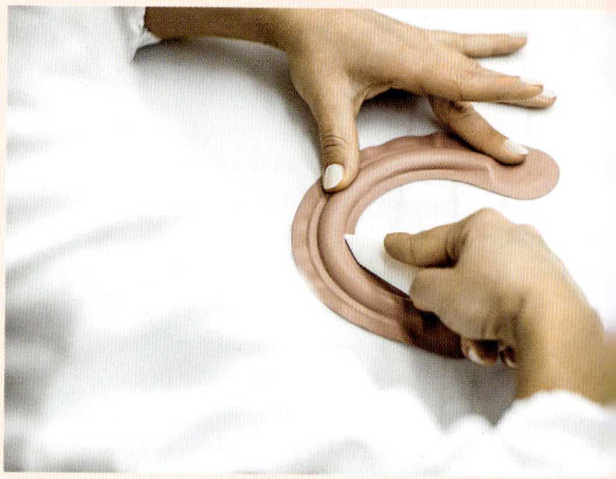

01
Der Designer bzw. die Designerin fertigt einen »künstlerischen« Entwurf der Tasche und eine detaillierte technische Zeichnung für jedes der einzelnen Teile an.

02
Es wird ein Modell aus Pappe erstellt, um das Aussehen der Handtasche zu überprüfen.

03
Anhand der technischen Zeichnungen werden aus dicker, steifer Pappe Schablonen hergestellt.

04
In der Täschnerwerkstatt werden die einzelnen Taschenteile aus dem Leder ausgeschnitten, es muss dabei sehr präzise gearbeitet werden. Die Häute sind nicht alle gleich, je nachdem, von welcher Stelle am Tierkörper sie kommen, ist die Dicke des Leders unterschiedlich.

DIE ZAHLEN
Eine Lady Dior kann aus bis zu 140 Einzelteilen (Leder, Wattierung, Verstärkungen, Futter, Metallelemente) bestehen.

05
Die Einzelteile werden verstärkt und mit Füllung und Futter versehen.

06
Das Muster wird mit der Nähmaschine gesteppt.

07
Das Zusammenfügen der Einzelteile erfolgt über einer Holzform. Der Boden und die vier Seitenteile werden geleimt und geklammert.

08
Die stählernen Rohlinge der Henkel werden mit Leder überzogen.

09
Die zusammengefügte Tasche wird mit der Maschine genäht.

KUNST ZEIGT SICH AUF DER LADY DIOR

2011 veranstaltete das Haus Dior in Shanghai eine Ausstellung mit dem Titel: *Lady Dior Seen by*. Gezeigt wurden künstlerische Inszenierungen und Interpretationen der Handtasche. Internationale Künstler und Künstlerinnen bereichern auch weiterhin diese Sammlung, die um die Welt reist.

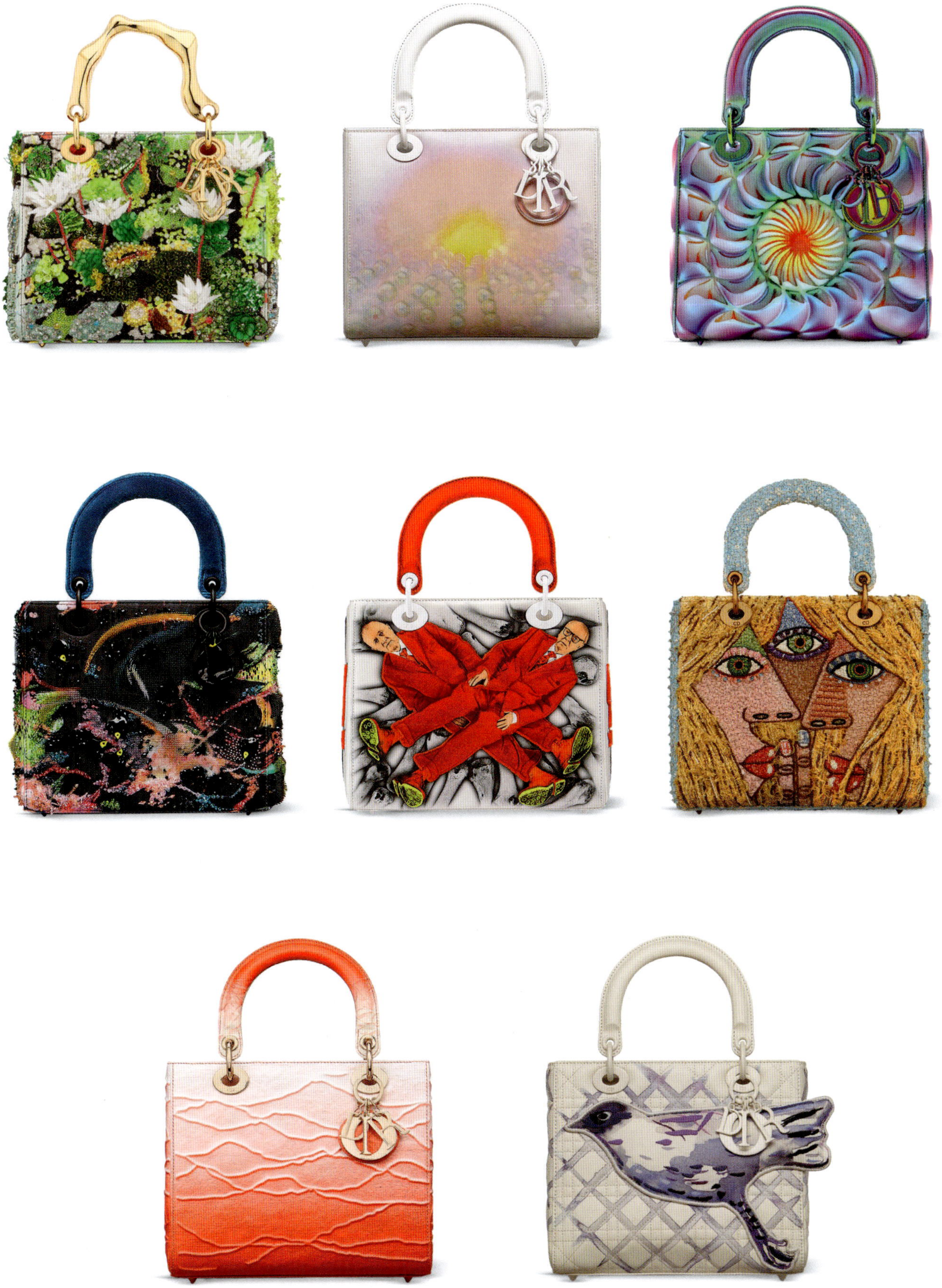

Seit 2016 lädt das Haus Dior außerdem Künstler und Künstlerinnen dazu ein, eine Lady Dior nach ihren individuellen Vorstellungen zu gestalten. Das Ergebnis ist die Kollektion »Dior Lady Art« mit begehrten Exemplaren limitierter Auflagen.

SADDLE

2000

Wie wird eine It-Bag zur Myth-Bag? ?

Denken Sie sich eine Handtasche mit extravaganter und leicht wiedererkennbarer Form aus!
Für die Kollektion Frühjahr/Sommer 2000 ließ sich John Galliano vom Wilden Westen inspirieren und entwarf die weltweit allererste Damenhandtasche in Sattelform, mit dem *D* von Dior als Steigbügel. Diese erste Ausführung bestand aus Oblique-Jacquard und erhielt den Namen »logo«.
Stellen Sie sich die Tasche nun in allen Materialien und Farben vor!
John Galliano interpretierte die Tasche in den folgenden Saisons immer wieder neu. Alle VIPs wollten sie haben. 2002 wurde das Modell in Saddle (»Sattel«) umbenannt, und die Tasche tauchte sogar in einer Folge der Serie *Sex and the City* auf, getragen von Sarah Jessica Parker. Damit hatte die Tasche hohe Modeweihen erhalten.
Lassen Sie die Tasche eine Weile ruhen!
Andere Modelle kamen und verdrängten sie ein wenig.
Glauben Sie an ihren guten Stern!
2014 zeigte sich Beyoncé mit einer Saddle am Arm, 2016 die K-Pop-Sängerin CL. 2017 machte Bella Hadid die sattelförmige Tasche zu einem Objekt der Begierde. Der Modewirbelsturm war entfacht: Auf Secondhand-Sites kletterten die Preise für die Saddle mit atemberaubender Geschwindigkeit.
Inszenieren Sie ihr Comeback!
2018 hob Maria Grazia Chiuri die Saddle … wieder in den Sattel. Nun hatte sie endgültig den Status einer Taschenikone erreicht, wurde aus den kostbarsten Lederarten gefertigt und gehörte zur Haute Couture. Von diesem Platz kann sie praktisch nicht mehr verdrängt werden.

Jardin Magique
CHRIST
IOR

DIE SADDLE »ALL AROUND THE WORLD«

Von John Galliano 2007

DIORAMA

2015

Die Diorama entstand unter der Regie von Raf Simons. Das ultramoderne Modell greift das Flechtmuster auf und vergrößert es zu einer fast architektonischen Wirkung. Das Muster ist mit Intarsien oder Rippen versehen. Der Verschluss erinnert an ein Abzeichen, und in die Glieder der doppelt getragenen Kette ist das Monogramm *CD* eingraviert. Hier trifft Eleganz auf Modernität. Es gibt diese Tasche in verschiedenen Versionen: die »Essentials« aus klassischen Lederarten, die futuristischeren Modelle, die über die Laufstege getragen werden, und besonders luxuriöse Ausführungen aus exotischen Lederarten.

DIOR BOOK TOTE

2018

Seit ihrem ersten Auftritt auf dem Laufsteg 2018 ist diese rechteckige Tasche, die den Namenszug »Christian Dior« in großen Blockbuchstaben auf der Vorderseite trägt, ein Pfeiler von Maria Grazia Chiuris Kollektionen.

Was muss man über die Dior Book Tote wissen?
Aus ihr spricht höchste Handwerkskunst. Ein dreidimensionales Stickverfahren wurde einzig und allein für sie entwickelt. Ihren ganz besonderen »Stoff« herzustellen, erfordert viel Arbeit. Jedes einzelne Detail des Dekors wird zuerst von Hand reproduziert, bevor es ausgeführt wird. Die ein Relief schaffende Stickerei ist eine Wissenschaft für sich. Es gibt diese Tasche in den Formaten Mini, Small, Medium und Large. Ihre verschiedenen Versionen spielen mit den Themen der Saison: Die Tasche kann aus Oblique-Jacquard sein, aus Jouy-Toile, ein Flechtmuster haben oder mit Blümchen, einem indischen Garten oder gar dem Stadtplan von Paris geschmückt sein.
Für alle, die es gerne individuell haben, gibt es ABCDior: Hier kann man personalisierte Taschen bestellen, die etwa mit dem Vornamen oder den Initialen der Person verziert werden, der die Book Tote gehören wird.

CHRISTIAN DIOR
PARIS
Christian Dior

CHRISTIAN DIOR
PARIS

CHRISTIAN DIOR
PARIS

CHRISTIAN DIOR
PARIS

CHRISTIAN DIOR
PARIS

30 MONTAIGNE

2019

Dieser Entwurf von Maria Grazia Chiuri ist Teil der Linie »30 Montaigne« – klassisch geformter Handtaschen, die von ikonischen Dior-Looks inspiriert sind. Die Tasche trägt die Initialen des Modehausgründers und verkörpert das Bild der heutigen Frau, die unabhängig, modern und immer elegant ist. Die Tasche besteht aus Boxleder und wird von Hand in Diors italienischen Ateliers gefertigt. Der Schriftzug »30 Montaigne« erinnert an die historisch bedeutsame Adresse des Hauses und ist auf der Rückseite eingeprägt. Der in der Länge verstellbare Lederriemen mit militärisch anmutender Schnalle ermöglicht es, die Tasche auf verschiedene Weisen zu tragen: in der Hand oder als Umhängetasche. Von Saison zu Saison verändert sie ihr Aussehen und kann aus Knitterleder oder Bast sein, mit einer Kette aus glattem oder gehämmertem Metall. Sie wird die Zeiten überdauern.

DOLCE & GABBANA

IKONISCHER HIT · IKONISCHER HIT ·

SICILY

Dies ist *die* Dolce-&-Gabbana-Tasche. An ihrer strukturierten Form, die an die 1950er-Jahre erinnert und absolut zeitlos ist, erkennt man sofort, dass sie noch lange Bestand und Ansehen haben wird. Sie wurde 2009 vorgestellt und seither in vielen Farben und Größen gezeigt. Ihr Name erinnert an die Bedeutung Siziliens, die Heimat von Domenico Dolce und stete Inspirationsquelle der beiden Designer. *Viva l'Italia!*

FENDI
KREATIVES KÖNNEN

»Eine Tasche muss ihre eigene Sinnlichkeit besitzen: weder zu weich noch zu hart. Die Alchemie der Proportionen ist die wahre Kunst!«

Silvia Venturini Fendi

Seit bald 100 Jahren setzt dieses Haus sein Know-how ein, um stets mit der Zeit zu gehen. Mit Handtaschen und Pelzen fing alles an. Heute steht FENDI außerdem für Damen-, Herren- und Kinderbekleidung, Dekoobjekte, Schuhe, wertvollen Schmuck und FENDI COUTURE. Nachdem Karl Lagerfeld mehr als 50 Jahre lang als Art Director über die Konfektionskollektionen herrschte, übernahm Kim Jones deren Leitung. Die zunächst wegen ihrer originell verarbeiteten Pelze bekannte Luxusmarke ist mittlerweile für zwei ikonische Taschen ebenso berühmt: die Baguette und die Peekaboo. Diese beiden von der Gründerenkelin Silvia Venturini Fendi entworfenen Taschen sind heute FENDIs Aushängeschild.

7 WICHTIGE JAHRE

1925
Edoardo Fendi und Adele Casagrande gründen FENDI und eröffnen 1926 in Rom ihre erste Boutique.

1946
Die fünf Gründertöchter Paola, Anna, Franca, Carla und Alda treten in den Familienbetrieb ein und bauen ihn weiter aus, vor allem durch die Entwicklung einer hochwertigen Pelzlinie mit dem Namen »Amore«.

1965
Der junge Modeschöpfer Karl Lagerfeld wird eingestellt und beauftragt, die Pelzverarbeitung zu revolutionieren.

1966
Es entsteht die erste Prêt-à-porter-Pelzkollektion. 1978 stellt Karl Lagerfeld die erste Damenkonfektionskollektion vor.

1992
Annas Tochter Silvia Venturini Fendi steigt in die Firma ein und leitet nun die Lederwarenproduktion. Sie interpretiert die Linie »Selleria« neu und erfindet die ikonische Baguette-Tasche.

2001
LVMH Moët Hennessy – Louis Vuitton übernimmt FENDIs Anteilsmehrheit und macht die Marke weltbekannt.

2020
Nach Karl Lagerfelds Tod wird Kim Jones Art Director der Konfektionskollektionen, während sich Silvia Venturini Fendi weiterhin um die Accessoires kümmert. Und Delfina Delettrez Fendi aus der fünften Generation der Familie übernimmt die Leitung der Abteilungen Schmuck und Haute-Couture-Schmuck.

SCHON GEWUSST?
Das erste, 1925 eingeführte Logo des Hauses zeigte ein Eichhörnchen, das auf einem Ast an einer Nuss knabberte: Edoardos augenzwinkernde Hommage an Adele, die immer so fleißig wie ein Eichhörnchen war. 1965 zeichnete Karl Lagerfeld in wenigen Sekunden ein neues Logo. Das Doppel-*F*, von denen eines kopfüber gesetzt ist, stehen für *Fun Furs*, also »Spaßpelze«. Nachdem das Logo zunächst nur das Seidenfutter der Pelzkollektionen zieren sollte, war es jedoch bald überall zu sehen: auf Kleidung, Schuhen und Taschen.

01

02

03

04

DIE 5 FENDI-KENNZEICHEN

01.
Die Pelze
Mit einer kreativen Note, ermöglicht durch technische Neuerungen.

02.
Die Farbe Gelb

03.
Erstklassige Handwerkskunst

04.
Das Logo FF

05.
Die Stadt Rom

UND DAS AUCH?
2007 stellte FENDI als erstes Modehaus der Welt eine Kollektion auf der Chinesischen Mauer vor. Eine grandiose Schau der Kollektion Frühjahr/Sommer 2008, die möglicherweise sogar noch vom Mond aus zu sehen war!

LIGNE SELLERIA

1932

Die vom Gründerpaar Edoardo und Adele lancierte Kollektion »Selleria« (»Sattlerei«) war von römischen Sattlereitechniken geprägt. Die Taschen bestehen aus weichem, narbigem Cuoio Romano (»Römischem Leder«), das von Hand punziert und genäht wird – und natürlich sehr wertvoll ist. Als Annas Tochter Silvia Venturini Fendi Anfang der 1990er-Jahre dem Unternehmen beitrat, modernisierte sie diese ikonische Linie und schuf Handtaschen, Reisetaschen und Accessoires in limitierter Auflage. Wie ihre Vorgänger werden auch diese Artikel von römischen Fachleuten von Hand gefertigt.

X-RAY

1950

Sie gilt als die erste It-Bag des Hauses. Ihren Namen verdankt die X-Ray den streng geometrischen Ziernähten, die das Leder zu durchdringen scheinen. Mittlerweile gibt es sie nicht mehr.

FENDI

BAGUETTE

1997

Denkt man an FENDIs Handtasche Baguette, kommt einem sofort Sarah Jessica Parker in den Sinn, die als Carrie Bradshaw in der Serie *Sex and the City* aus dieser Tasche einen regelrechten Filmstar machte. Mittlerweile hat die Baguette sich bewährt und setzt sich selbst in Szene. Auch heute noch ist sie *die* Tasche, von der modebewusste junge Menschen träumen, und zählt zu jenen Modellen, die Handtaschen in ihrer Rolle als unentbehrliches Mode-Accessoire bestätigen. Man hält sie unter dem Arm, so wie man in Frankreich das Brot nach Hause trägt. Die Form ist schlicht, das Konzept aber neu: Silvia Venturini Fendi hatte die geniale Idee, die Tasche in mehreren Ausführungen und aus sehr unterschiedlichen Materialien herauszubringen, sodass alle Stile und auch alle Preisklassen möglich sind. Mit ihrer Idee, aus einer Tasche tausend Taschen zu machen, erfand Silvia das Konzept der exklusiven It-Bag: Man trägt die Form, die alle haben wollen, aber es ist nie wirklich dieselbe Tasche. Eine perfekte Strategie, die auch Lust aufs Sammeln macht. Wahre Fans geben sich selten mit einer einzigen Baguette zufrieden. Inzwischen wurde die Baguette über eine Million Mal verkauft. Es gibt sie in über tausend Versionen. Stickereien, Pailletten, Strass, All-Over-Logos, Spitzenbesatz, bedruckte Stoffe, alles ist möglich. Und für jene, die ihre Baguette selbst personalisieren wollen, gibt es sogar Mal- oder Sticksets.

FENDI

2012 feierte die Baguette ihren 15. Geburtstag, und Silvia Venturini Fendi brachte ihre sechs Lieblingsmodelle erneut heraus. Zum 25. Geburtstag der Tasche wurden 25 Modelle nochmals neu aufgelegt, und es gab auch neue Entwürfe, u. a. von Marc Jacobs und Sarah Jessica Parker. Bei der Schau 2022 in New York lief Bella Hadid mit einer zartblauen, mit Silberdetails verzierten Tasche über den Laufsteg, das Ergebnis einer Zusammenarbeit mit dem Juwelierhaus Tiffany & Co. Die Begeisterung für die Tasche ist immer noch groß, und neue Versionen ebenso wie Wiederauflagen finden reißenden Absatz. Dank ihres Status als Sammelobjekt wird die Baguette niemals aus der Mode kommen. Die ersten Staffeln von *Sex and the City* scheinen lange her zu sein, doch immer noch fällt einem eine Szene wieder ein: Ein Mann bedroht Carrie Bradshaw mit einer Waffe und fordert: *»Give me your bag!«*, und sie erwidert: *»It's a Bag-uette!«* Nein, die Baguette ist ganz bestimmt keine Handtasche wie all die anderen!

Die Fondazione Lisio ist eine Manufaktur in Florenz, die wunderschöne Samt- und Seidenbrokatstoffe auf Webstühlen aus dem 18. Jahrhundert herstellt. In den Jahren, nachdem die Baguette neu herausgekommen war, brachte FENDI in Zusammenarbeit mit Lisio ungefähr 20 Exemplare heraus – nur so wenige, weil es einen ganzen Arbeitstag braucht, um 5 cm Stoff zu weben. Kein Wunder, dass diese kleinen Schmuckstücke seither stark im Wert gestiegen sind.

FLEURON PARIS
ERSCHWING-LICHER LUXUS

»Das Außergewöhnliche zieht uns kurz in seinen Bann, doch die Schlichtheit fesselt uns länger, weil sie das Essenzielle verkörpert.«

Marine Chang, Gründerin von Fleuron, zitiert den amerikanischen Fotografen Garry Winogrand

Gründung: 2019

Die Geschichte: Marine Chang arbeitete 17 Jahre lang für das Unternehmen Lancaster Paris – bekannt für seine Lederwaren –, bevor sie zur Stellvertretenden Generaldirektorin der Firma aufstieg. 2019 lancierte sie ihr eigenes Label. Ihre Produkte lässt sie von renommierten Werkstätten in Italien herstellen, und ihre Kollektion Fleuron Paris genießt bereits beträchtliches Ansehen. Typisch für die Taschen sind schlichte Formen und raffinierte Details.

Wie lässt sich der Stil beschreiben? Urbaner Chic. Mit seinen Kreationen präsentiert Fleuron Paris einen anspruchsvollen Stil mit klaren Linien, was vor allem der Qualität des Leders zu verdanken ist.

Der Insider-Satz: *»Dies ist ein Label mit dem Etikett DNVB* (Digital Native Vertical Brands), *es wurde im virtuellen Raum geboren.«*

GUT ZU WISSEN
»Fleuron« ist der französische Begriff für ein in der Architektur verwendetes Blumenornament und für die kleine Einzelblüte, die Bestandteil der großen Blüte ist. Es kann aber auch den kostbarsten Besitz eines Menschen bezeichnen.

WER TRÄGT FLEURON PARIS ?
Junge Menschen, die erschwinglichen Luxus und schlichte Taschen aus hervorragendem Leder suchen.

SWANN

Weiche Linienführung, ein deutlich akzentuierter Griff, ein Schulterriemen und Seiten, die sich einschlagen und entfalten lassen wie Flügel … Swann hat etwas sehr Leichtes an sich. Das Leder ist mit Pflanzenstoffen gegerbt, und das Innenfutter besteht aus Microsuede (Mikrofaser). Das Logo erscheint auf der Vorderseite in Goldprägung, wirkt aber sehr dezent. Es gibt die Tasche in zahlreichen Farben, darunter Kobaltblau, Karamell, Olivgrün und Taupe, außerdem in drei Formaten.

FLEURON PARIS

FLEURON
FLEURON
FLEURON

FLEURON
FLEURON

FRANÇOIS-JOSEPH GRAF PARIS

HERAUSRAGENDE KOMPETENZ

»Etwas zu erschaffen, ist auf jedem Gebiet ein Vergnügen. Fassaden, Türen, Stoffe oder Taschen entwerfen – alles ist Architektur.«

François-Joseph Graf

Gründung: 2009

Die Geschichte: François-Joseph Graf ist ein leidenschaftlicher Kunsthandwerker und begann seine Laufbahn als Architekt am Schloss von Versailles. Obgleich er immer noch für die Verwaltung des Schlosses tätig ist, entwirft er auch Möbel, Lampen und sogar Stoffe für außergewöhnliche Inneneinrichtungen. 2009 wagte er sich an eine hochwertige Lederwarenlinie. Seine puristischen Shopper mit grafischer Dekoration sind Einzelstücke, die in seinem Pariser Atelier ausschließlich von Hand gefertigt werden.

Wie lässt sich der Stil beschreiben? François-Joseph Graf überlässt nichts dem Zufall. Seine Taschen sind wahre Kunstwerke. Sie sind schlicht und zeitlos, durch die geometrischen Muster aber gleichzeitig auch einzigartig. Ihr Futter ist farblich auf die Außendekoration abgestimmt, und sie verfügen über einen Magnetverschluss. Innen haben sie eine Reißverschlusstasche, ein oder zwei Steckfächer und einen Lederriemen mit Schlüsselanhänger. Man kann sie in der Hand, in der Ellenbeuge oder, falls sie den entsprechenden Riemen aufweisen, auch über der Schulter tragen. Graf entwirft zudem auch Abendtäschchen.

Der Insider-Satz: *»François-Joseph ist ein echter Künstler, er besitzt Abschlusszeugnisse der École des beaux-arts, der École du Louvre und der Monuments historiques. Eigentlich gehören seine Taschen ins Museum!«*

GUT ZU WISSEN

Grafs hochwertige Lederwaren werden in einem würdigen Rahmen ausgestellt: Man kann sie in dem Geschäft François-Joseph Graf im Hôtel George-V. bewundern – und natürlich kaufen (Avenue George-V Nr. 31, Paris).

EINZIGARTIGE TASCHEN

ULTIMATIVER LUXUS

Echte Handwerkskunst ›made in France‹: Fünf Täschnerinnen in weißen Kitteln fertigen diese Taschen unter den gestrengen Blicken des »Lederarchitekten« an. Die 14 Herstellungsschritte werden mit größter Sorgfalt ausgeführt, was natürlich Zeit braucht: Bis zu 30 Arbeitsstunden dauert die Vollendung einer Tasche. Und jede ist ein Einzelstück.

GERARD DAREL
MEHRGENERATIONEN-ERFOLG

»Unser Credo war von jeher, Qualität anzustreben, oder es bleiben zu lassen.« **Laurend Gerbi, Sohn der Gründer von GERARD DAREL**

Gründung: 1971

Die Geschichte: Das Label entsprang einer Liebesgeschichte. Die 17-jährige Danièle begegnete Anfang der 1960er-Jahre in Algier dem 19-jährigen Gérard. Beide entstammen Familien, die Textilläden betreiben. Nachdem Algerien 1962 unabhängig wurde, zogen sie nach Paris und gründeten 1971 ihre Marke GERARD DAREL (Darel war Danièles Geburtsname). Der Erfolg ließ nicht lange auf sich warten. 2008 übertrug die Familie die Mehrheit ihrer Anteile an einen Investmentfonds, holte sie sich jedoch sieben Jahre später wieder zurück.

Wie lässt sich der Stil beschreiben? Zeitlos und generationsübergreifend. Die Kleidungsstücke sind eher klassisch, schlicht und fließend, kurz gesagt: lässig und chic.

Der Insider-Satz: *»Ich habe mir die Tasche 24H von meiner Tochter ausgeliehen, denn sonntags braucht sie die ja nicht für die Schule.«*

GUT ZU WISSEN

1996 erwwarb Danièle Darel bei Sotheby's Jackie Kennedys berühmte schwarze Perlenkette. ***»Wir hatten damit eigentlich nichts vor, aber als man mich fragte, ob wir sie vermarkten wollen, habe ich ja gesagt, ohne nachzudenken.«*** **Die Neuauflage der Kette war ein internationaler Erfolg.**

WER TRÄGT GERARD DAREL ?

Jessica Alba, Angela Jolie, Eva Longoria, Olivia Palermo und Sarah Jessica Parker wurden mit einer 24H gesichtet.

GERARD DAREL

24H

2003

Die Tasche 24H (für »24 Stunden«) entstand 2003 und hieß ursprünglich Drapé. Sie ist die It-Bag schlechthin und segelt erfolgreich durch alle Trends und Generationen. Es heißt, dass weltweit alle zwei Sekunden ein Exemplar verkauft wird. Sie ist sehr weich und lässt sich an den Seiten mit Schnüren zusammenziehen. Jedes Exemplar wird aus 30 Lederstücken gefertigt. Die 24H gibt es in unterschiedlichen Ausführungen aus Leder, Bast, Wolle oder Schlangenleder. Es gibt sie auch in den Formaten 26H, 48H und 72H. Der Verschluss ist magnetisch, und man trägt sie über der Schulter.

Die Bastversion des ikonischen Modells, die den Namen 24D trägt, besticht durch reliefartige grafische Geometrie. Die von Hand gehäkelte Tasche aus ungefärbtem Bast zeugt von der großartigen handwerklichen Kunst, die das Haus seit Jahrzehnten fördert.

GERARD DAREL

GIORGIO ARMANI
DER LUXUS DER SCHLICHTHEIT

»Man sollte Schuhe und Handtasche nicht allzu genau aufeinander abstimmen. Entscheiden Sie sich für eine subtile Ähnlichkeit.«

Giorgio Armani

Gründung: 1975

Die Geschichte: Giorgio Armani begann seine Laufbahn in der Welt der Mode als Schaufensterdekorateur in dem großen Mailänder Kaufhaus La Rinascente. Dadurch war er mit dem Marketing vertraut, noch bevor er Kleidung entwarf. 1961 arbeitete er an der Seite von Nino Cerruti, von dem er das Handwerk des Modedesigns erlernte. Dann begegnete er Sergio Galeotti und gründete 1975 gemeinsam mit ihm die Marke Giorgio Armani. Galeotti kümmerte sich um den Vertrieb, Armani um die Kleidung. Schon bald begeisterten sich die Hollywoodstars für seine Modelle und trugen sie auf dem roten Teppich. Armani entwarf u. a. Richard Geres Anzug für den Film *American Gigolo*. Armani, der seine Unabhängigkeit nie aufgeben wollte, lehnte alle Kaufangebote für seine Marke ab. Heute herrscht er über ein Imperium, das außer Kleidung auch Parfums, Kosmetika, Deko-Objekte und Schokolade produziert und vertreibt. Außerdem ist er Besitzer zahlreicher Hotels, Restaurants und Nachtklubs.

Wie lässt sich der Stil beschreiben? Giorgio Armani und seine Entwürfe sind die Verkörperung des Minimalismus. Powerfrauen lieben seine maskulin anmutenden Kostüme. Im Grunde passt das Adjektiv »elegant« zu sämtlichen Kreationen dieses großen italienischen Designers.

Der Insider-Satz: *»Wusstest du, dass einige der Kalbsleder für das Taschenmodell La Prima aus Frankreich kommen?«*

GUT ZU WISSEN

Nicht nur die italienische Mode ist weltberühmt, sondern auch die italienische Küche. Giorgio Armani ist ein Fan von Spaghetti mit Tomatensauce, und außer in seinen Hotels kann man sein Lieblingsnudelgericht auch in seinem Restaurant Emporio Armani Caffè am Boulevard Saint-Germain Nr. 149 in Paris genießen.

WER TRÄGT GIORGIO ARMANI?

Cate Blanchett, Lily Collins, Elle Fanning, Anne Hathaway, Kate Hudson, Margot Robbie.

LA PRIMA

Dies ist die erste richtige Handtasche des Hauses. Mit ihren ultraklaren Linien spiegelt sie Giorgio Armanis gesamtes Universum. Sie wird mit einem Magnetdruckknopf geschlossen, und der Riemen lässt sich auf drei Längen einstellen. In knapp 30 Jahren erfuhr die Tasche zahlreiche Veränderungen. Es gibt sie in klein, als Baguette ohne Umschlagklappe, als Pochette, mit Fransen, mit zwei Henkeln (aber ohne Trageriemen) und als Hobo.
Die Jüngste in der Familie? Die Prima Soft. Die Grundmerkmale sind die gleichen geblieben, doch die Seiten sind mit Falten versehen, die der Tasche mehr Volumen verleihen. Aus Nappa oder handschuhweichem Wildleder gefertigt, wirkt sie so weich wie ein Kleidungsstück aus Stoff.

GIORGIO ARMANI

»Die Prima ist eine Tasche, die meine Ansprüche an Eleganz und Individualität, an Stil und Funktionalität erfüllt«, erklärt Giorgio Armani. *»Weil sie auf Qualität und nüchternem Design aufbaut, bringt sie meine Vorstellung natürlicher Weiblichkeit perfekt zum Ausdruck.«*

GIORGIO ARMANI
MILANO

DIE GEBURT EINER LA PRIMA

Die Taschen La Prima werden nach allen Regeln der Kunst in einer italienischen Täschnerei hergestellt.

01
Anhand einer Entwurfzeichnung entstehen erst ein Modell, dann Schnittmusterteile, auf denen sämtliche technischen Angaben notiert sind.

02
Mithilfe der Schnittmuster wird das Leder von Hand zugeschnitten.

03
Erfahrene Hände verbinden Außenleder und Futter. Dabei kommen Hammer, Punze, Messer, Ahle und Zange zum Einsatz.
Als Nächstes werden die Abnäher an der Tasche genäht, ein typisches Merkmal der Linie La Prima; die Kante kann eingefärbt werden.

04
Die Seitenteile der Tasche werden über einer Holzform angefügt und mit einer Säulennähmaschine angenäht, wodurch die Tasche eine stabile Form erhält.

05
Mehrere Nähte müssen auch von Hand ausgeführt werden.

06
Die Kanten der Tasche werden geglättet und danach von Hand eingefärbt, ein weiteres typisches Kennzeichen der La Prima.

07
Sind diese Arbeitsschritte erledigt, können die Metallteile an der Tasche angebracht werden.

08
Das Logo wird in einem Heißprägeverfahren aufgebracht, außer bei der Lackledervariante, bei der man eine Heißfolienprägung durchführt.

09
Es folgt eine Qualitätskontrolle, bevor die Tasche verpackt wird.

10
Nun kommt sie in den Laden

GIVENCHY
DIE KRAFT DES WEIBLICHEN

»Der Luxus steckt in jedem Detail.«

Hubert de Givenchy

Gründung: 1952

Die Geschichte: 1942, während Hubert de Givenchy noch an der Pariser Kunsthochschule studierte, absolvierte er parallel dazu im Haute-Couture-Modehaus Jacques Fath eine Designerlehre. Nachdem er anschließend bei Robert Piguet, Lucien Lelong und Elsa Schiaparelli gearbeitet hatte, gründete Givenchy 1952 sein eigenes Unternehmen und stellte bereits in seiner ersten Kollektion Haute Couture vor. Sie firmierte unter dem Namen »Les Séparables«, »die Trennbaren«, weil man jedes Stück der Kollektion einzeln kaufen und tragen konnte – etwas bis dahin nie Dagewesenes! 1959 richtete sich Givenchy in der Avenue George-V ein und eröffnete im Erdgeschoss des Gebäudes eine Boutique. Er entwarf Schuhe, Schmuck, Kimonos, Geschirr und vieles mehr, und seine Eleganz prägte eine ganze Epoche. 1995 verließ er das Unternehmen, und seine Nachfolge trat John Galliano an. Diesen löste Alexander McQueen ab, der dem Haus bis 2001 treu blieb. Ihm folgte Julien Macdonald. 2005 wurde Riccardo Tisci zum Art Director ernannt. Er blieb bis 2017, das Ruder übernahm dann Clare Waight Keller. Von 2020 bis Anfang 2024 lag die künstlerische Leitung in den Händen von Matthew M. Williams.

Wie lässt sich der Stil beschreiben? Ursprünglich hatte Givenchy für seine Kreationen eine sehr stilvolle und sinnliche Frau im Sinn. Neben Weiblichkeit und Eleganz sollen die Entwürfe heutzutage jedoch auch Unabhängigkeit und Modernität verkörpern.

Der Insider-Satz: *»Mit einer Givenchy-Tasche fühlt man sich sofort als glamouröse Superfrau.«*

WER TRÄGT GIVENCHY ?

Zu Lebzeiten des Firmengründers zeigten sich u. a. Audrey Hepburn und Jacqueline Kennedy mit Givenchy-Taschen. Heute sind es Beyoncé, Cate Blanchett, Doja Cat, Dua Lipa, Gigi Hadid, Kim Kardashian, Rooney Mara, Madelaine Petsch, Rihanna, Emma Roberts und Sigourney Weaver.

GUT ZU WISSEN

2023 eröffnete Givenchy sein erstes Geschäft in Los Angeles. In dem 600 m² großen Laden kann man auch Skulpturen des britischen Künstlers Ewan MacFarlane bewundern.

GIVENCHY

ANTIGONA

2010

Als Riccardo Tisci als Art Director für Givenchy tätig war, gelangen ihm mehrere It-Bags. Nach der 2005 herausgebrachten Nightingale lancierte er 2010 Antigona, inspiriert von jener Heldin der griechischen Mythologie, die weibliche Kraft und Mut verkörperte. Die formstabile Bowling Bag ist mit einem Reißverschluss, zwei Henkeln und einem Schulterriemen ausgestattet. 2020 kam eine Neuinterpretation heraus, die androgyne Antigona Soft, gefertigt aus weichem Leder, deren Format zwischen dem der Handtasche und des Weekenders liegt. Im Jahr 2021 stellte das Haus eine neue Antigona vor, die 4G, die der ursprünglichen Version ähnlicher und mit einem lederdurchflochtenen Metallhenkel ausgestattet ist. Diese gibt es auch im XXS-Format.

4G

2021

Dies ist die erste von Matthew M. Williams für Givenchy entworfene Handtasche. Die 4G ist nach dem aus vier *G*s bestehenden Firmenlogo benannt und mit Metallelementen und Magnetverschluss versehen. Sie lässt sich als Clutch, Crossbody oder Schultertasche tragen und ist in zahllosen Farben, angefangen von neutralen Tönen bis hin zu Saisonfarben wie Himmelblau, Blassrosa oder Seladongrün erhältlich. Es gibt sie aus exotischem Leder, Lackleder, Glattleder oder mit 4G-Monogrammen bestickt.

CUT-OUT

Futuristische Ecken, Unisex-Flair: Die von Matthew M. Williams erdachte Cut Out fällt durch ihre scharfen Linien und spitzen Formen auf, die aber auch an ein Dekolleté erinnern und von Archivmaterial des Hauses inspiriert sind. Ösen und Metallkette sind wiederkehrende Elemente von Williams' Kollektionen. Es gibt die Cut Out in mehreren Größen und vielen Farben, darunter Bonbonrosa, Neonpink und Blassgelb. Henkel und Schulterriemen ermöglichen es, sie auf unterschiedliche Arten zu tragen. Die ausgewählten Materialien wie Mattleder, Krokoprägung und Boxkalb spielen mit Geschlechterklischees.

GIVENCHY

KENNY

2022

Kenny ist die ultimative Abendtasche und eine Anspielung auf die kleinen Clutchs, die in den 2000er-Jahren der absolute Renner waren. Diese Kreation von Matthew M. Williams besticht durch die von Hand gelegten Falten, die doppelten Ketten aus G-Würfelgliedern, den Magnetverschluss und das kleine Vorhängeschloss, ein neues Markenzeichen von Givenchy. Es gibt Kenny auch aus anderen, ebenso partytauglichen Materialien wie strassbesetzten Satin, federbesetzter Seide oder Metallicleder.

VOYOU

2023

Die Voyou, bei der Präsentation der Kollektion Frühjahr/Sommer 2023 vorgestellt, ist rockig, cool und elegant zugleich. Ein gelungenes Modell! Die weiche, V-förmige Silhouette wird von versilberten oder vergoldeten Metallelementen und diagonal gesetzten Zierriemen aufgelockert. Es gibt sie in drei Größen und in vielen verschiedenen Materialien und Farben. 100%-iger nonchalanter Chic!

GIVENCHY

GUCCI
KLASSISCHES IN NEUEM GEWAND

»An die Qualität denkt man auch dann noch, wenn man den Preis längst vergessen hat.«

Aldo Gucci

Das von der Geschichte der Gründerfamilie geprägte Haus Gucci ist heute eine sehr aktuelle Marke, die mit ihren vor über 60 Jahren kreierten Klassikern spielt und neue Trends setzt. Zu ihrem Kapital gehören mehrere ikonische Taschen.

7 WICHTIGE JAHRE

1921
Guccio Gucci, der als Kofferträger und Liftboy beim Londoner Hotel Savoy angestellt war und bei einem Mailänder Täschner eine Lehre absolviert hat, gründet in Florenz die Firma Gucci. Er bietet hochwertige Lederwaren an, die oft vom Reitsport inspiriert sind.

1953
Nach Guccios Tod und zwei Wochen nach der Eröffnung eines Geschäfts in New York übernehmen Guccios Söhne Aldo, Vasco und Rodolfo die Leitung. Auch sie denken in großen Dimensionen und eröffnen Geschäfte in Miami und London. Aldo Gucci erfindet den Mokassin Horsebit mit stilisierter Pferdetrense. Die Damenversion kommt 1968 auf den Markt.

1963
Die erste Pariser Boutique wird in der Rue Faubourg-Saint-Honoré eröffnet.

1966
Guccis goldenes Zeitalter ist angebrochen: Die angesagtesten Prominenten kleiden sich hier ein, von Jackie Onassis über Samuel Beckett und Liz Taylor bis hin zu Grace Kelly (die Inspirationsquelle für das Seidentuch mit Flora-Print). In dieser Zeit erfindet Aldo das Logo mit dem Doppel-G als Hommage an seinen Vater Guccio.

1995
Die Familie Gucci verkauft all ihre Anteile. Um das Haus aus seinem Dornröschenschlaf zu wecken, wird Tom Ford als Art

01

02

SCHON GEWUSST?
2022 eröffnete Gucci in der Rue Saint-Honoré in Paris ein Geschäft für Reiseartikel. Die beiden Etagen sind im Stil der luxuriösen Reisen der Belle Époque gestaltet und präsentieren Reisetaschen, Koffer, Shopper, Truhen, Beautycases und Hutschachteln.

Director eingestellt. Sein Stil ist sexy und hat Erfolg: Hollywoodstars begeistern sich erneut für die Marke.

2006
Nach dem Abschied von Tom Ford 2004 übernehmen verschiedene Designer die künstlerische Leitung, bis Frida Giannini auf den Plan tritt. Ihre zurückhaltenderen klassischeren Modelle erinnern an den Stil der Gründerzeit von Gucci.

2015
Frida Giannini geht, Nachfolger ist ihr Assistent Alessandro Michele. Er verleiht den Kollektionen eine androgyne und vor allem maximalistische Note, nach dem Motto »mehr ist mehr«. 2022 tritt Sabato de Sarno an seinen Platz, der zuvor bei Prada, Dolce & Gabana und Valentino gearbeitet hatte.

03

04

DIE 5 GUCCI-KENNZEICHEN

01.
Die Pferdetrense

02.
Das Doppel-G

03.
Bambus

04.
Das grün-rot-grüne Band
Es erinnert an Sattelgurte.

05.
Der Flora-Print

05

GUT ZU WISSEN
Der Gucci Garden im Palazzo della Mercanzia in Florenz informiert über die Geschichte des Modehauses von der Gründung bis heute. Gezeigt werden Kleidungsstücke, Accessoires, Videos und Kunstwerke, und es gibt eine Boutique mit exklusiven Artikeln sowie ein Restaurant. Wer nicht nach Florenz reisen will, kann das alles auch virtuell besuchen: guccipalazzo.gucci.com

BAMBOO

1947

Diese Tasche beweist, dass Mangel auch zum Erfolg führen kann. In der Nachkriegszeit war in Italien das Leder knapp. Deshalb kam Guccio Gucci auf die Idee, aus Japan ein Material zu importieren, das in Europa nur wenige kannten: Bambus. Er schuf eine Handtasche mit Henkel und Verschluss aus Bambus. Die Fertigung des gebogenen Griffs war sehr aufwendig, denn der Bambus musste erst weich gemacht und von Hand geformt werden, bevor man ihn mit mehreren Lackschichten überzog und im Ofen brannte, um den goldbraunen Farbton zu erzielen. Die Tasche schlug ein und wurde ein Riesenerfolg.
2010 modernisierte Frida Giannini, damalige künstlerische Leiterin von Gucci, das Modell und nannte es New Bamboo. Bei der Präsentation der Kollektion Herbst/Winter 2017–2018 wurde die Tasche mit ihrem neuen, aktuellen Namen Gucci Bamboo 1947 vorgestellt. Mindestens 13 Stunden dauert es, bis sie in dem Florentiner Atelier des Unternehmens aus 140 Einzelteilen und nach dem Herstellungsverfahren von 1947 gefertigt ist. An der Tasche ist auch eine Kette angebracht, und sie hat ein Innentäschchen mit Spiegel.
2021 lancierte Gucci eine neue Version seines Shoppers Bamboo von 1991, den Lady Diana oft getragen hat. Bambus zählt heute zu den besonderen Kennzeichen des Hauses, und man findet Bambusmotive in den Schmuckkollektionen und an vielen anderen Accessoires wieder.

GUCCI

HORSEBIT 1955

Die Horsebit 1955 knüpft direkt an die Geschichte des Hauses an und setzt eines seiner Markenzeichen gekonnt in Szene: das einer Pferdetrense nachempfundene Ornament aus zwei durch Stangenglieder verbundene Metallringe, das 1953 erstmals auf Herrenmokassins zu sehen war. Es ist ein Motiv aus der Reiterwelt, von der sich Gucci von Anfang an inspirieren ließ, da die Kundschaft des Hauses aus vielen Reiterinnen und Reitern bestand. Seither wurde das Trensenmotiv immer wieder variiert und neu eingesetzt. Die emblematische Taschenkollektion »Horsebit 1955« galoppiert erfolgreich durch die Jahrzehnte, was neben ihrem puristischen und zeitlosen Stil sicherlich auch der gehobenen Qualität und der Handwerkskunst von Gucci zu verdanken ist. Es gibt die Tasche in unterschiedlichen Ausführungen, als rechteckige Umhängetasche mit Umschlagklappe und verstellbarem Tragriemen ebenso wie als Handtasche mit hufeisenförmigem Henkel.

JACKIE 1961

Diese 1961 entworfene Tasche in Form eines Halbmondes und mit kolbenförmigem Verschluss hob sich stark von der damaligen Taschenmode ab. Ihre zeitlose Anmutung sorgt dafür, dass es sie nach mehr als 60 Jahren immer noch gibt. Bei der Präsentation der Kollektion Herbst/Winter 2020 stellte Alessandro Michele eine leicht modifizierte Version vor. Die neue Jackie 1961 ist etwas kleiner und verfügt über einen abnehmbaren Schulterriemen. Sie ist in den Formaten Mittelgroß, Klein und Mini sowie in vielen Farben erhältlich.

BOLIDE

1923

Die innovative und unverwechselbare Bolide (»Rennwagen«) mit dem von Émile Hermès ein paar Jahre zuvor in Kanada entdeckten Reißverschluss erinnert mit ihrer abgerundeten Form an eine Motorhaube, was von ihrem Schöpfer durchaus beabsichtigt war. Sie war als »Tasche fürs Auto« gedacht und sollte sich leicht in den damals rundlichen Kofferraum schieben lassen. Ihre besonderen Kennzeichen sind die Klarheit der Form, die sie wie eine Skulptur aus Leder wirken lässt. Die beiden Henkel lassen an rund genähte Zügel denken, die wesentlich aufwendiger anzufertigen sind als flach genähte. Je nach Format kann die Bolide Handtasche oder Reisetasche sein.

KELLY

1930ER-JAHRE

Ein Zeitsprung führt in die 1930er-Jahre, in denen Robert Dumas eine radikal puristische Damenhandtasche entwarf: trapezförmig, mit einmal nach innen gefalteten, dreieckigen Seitenwänden, einem rund genähten Henkel und einer von zwei Riemen fixierten Umschlagklappe mit Drehverschluss – ein Modell, das wie die Essenz der Täschnerkunst von Hermès anmutet. Der gekonnte Zuschnitt und ihre klare Geometrie ließen diese Tasche Ende der 1950er-Jahren weltberühmt werden, als sich die zur Fürstin aufgestiegene Hollywoodschauspielerin Grace Kelly mehrmals mit ihr fotografieren ließ: in ihrer Garderobe, beim Verlassen eines Flugzeugs … Die Bilder gingen um die Welt. Mit ihrem für die Zeit ungewöhnlich großem Fassungsvermögen ermöglichte die Kelly mehr Autonomie. Die steife Version galt bald als Inbegriff des Chics, die weiche wurde zur beliebten Begleiterin auf dem Weg zum Sport. Es entstanden Kellyado, Kellydole, Kelly Picnic, Kellygraphie, Kelly Danse, Kelly Desordre …

DIE BESONDEREN KENNZEICHEN

Zwei Stile: Sellier und Retourné
Es gibt die Kelly in zwei verschiedenen Ausführungen:
– Die Kelly Sellier hat sichtbare Nähte und offene Kanten. Meist wird sie aus eher steifen Ledersorten gefertigt.
– Die weichere Kelly Retourné wird links auf links genäht und im letzten Produktionsschritt von innen nach außen gewendet. Sie wirkt lässiger.

Die Farben
Heutzutage ist alles möglich, und man kann die Kelly in den unterschiedlichsten Farbtönen erhalten: Curry, Crevette (zartes Rosa), Bleu Encre (Tintenblau), Bleu Paradis (kräftiges Hellblau), Vert Criquet (Avocado-Grün), Sésame oder Biscuit (helle Brauntöne) – allein schon der Name der Farben haucht der Tasche Charakter ein. Um die exklusiven Farben zu erzielen, arbeitet Hermès eng mit Gerbern zusammen. Die von Sammlern begehrteste Farbe? Das 1925 von Hermès geschaffene »Rouge H«, ein dunkles Rot mit Braun-Nuance, durch das Hermès zum ersten Täschnerunternehmen wurde, das eine leuchtende Farbe verwendete.

Die Größen
Es gibt viele, von Mikro bis hin zum Reisetaschenformat: 19, 25, 28, 32 cm …

Die Materialien

Hermès verwendet stets vollnarbiges Leder, dessen natürliche Eigenschaften beim Gerben bewusst erhalten werden und das sich bei Gebrauch allmählich mit einer edlen Patina überzieht, die das jeweilige Stück einzigartig macht.

Verwendet werden u. a.:
- Boxkalb, das auch »König der Leder« genannt wird. Es ist glatt und sehr weich und hat einen ganz eigenen Glanz. Boxkalb ist elastisch, besonders anschmiegsam, dabei aber trotzdem straff. Es ist nicht ganz reißfest, entwickelt aber eine sehr schöne Patina.
- Taurillon-Leder wirkt seidig, und wenn man mit den Fingerspitzen darüberstreicht, ist es, als würden die Narben im Leder versinken und sich dann wieder aufrichten.
- Barénia-Kalbsleder ist glatt und entwickelt rasch eine Patina; streicht man mit den Fingern darüber, bleiben leichte Streifen zurück.
- Epsom-Leder und Togo-Kalbsleder sind narbige und weniger empfindliche Lederarten.

Sämtliche Lederarten entwickeln eine schützende Patina. Jede Tasche verändert sich im Laufe der Zeit; diejenigen, denen sie gehört, werden sie stets unter ähnlichen Taschen wiedererkennen, die Patina ist damit auch ein Zeichen der emotionalen Verbindung.

DIE ANMUT EINER KELLY

Die Fürstin von Monaco war die perfekte (Werbe-)Trägerin dieser Tasche, die jeden ihrer Looks abrundete. In den 1950er-Jahren wurde Grace Kelly oft mit der »Petit Sac à Courroies pour Dame« (das kleine Pendant zu den bekannten Reisetaschen von Hermès) gesehen. Die Beziehung zwischen ihr und ihrer Handtasche war so eng, dass das Modell Anfang der 1960er-Jahre in Kelly umbenannt wurde. Die Hollywoodschauspielerin begründete den Mythos einer ultraschicken Handtasche.

PLUME

1960ER-JAHRE

Die minimalistisch wirkende Plume (»Feder«) der 1960er-Jahre war von einem früheren Hermès-Taschenmodell der 1920er inspiriert und verdankt ihren Namen dem geringen Gewicht. Die mit einem Reißverschluss ausgestattete scheinbar sehr schlichte Tasche stellte in der Herstellung eine Herausforderung dar. Sie wurde vollständig links auf links genäht und nach der Fertigung gewendet. Edles Leder, Sattlernähte, Metalldetails, rund genähte Henkel und rautenförmige Besätze: Die Plume ist ein Paradebeispiel für handwerkliches Können. Es gibt sie in allen Größen: als Handtasche, im Mini-Format, als Dokumententasche, als Weekender … immer im gleichen schlicht-schönen Stil.

CONSTANCE

1967

Constance erblickte 1967 das Licht der Welt und ist nach der Tochter ihrer Schöpferin benannt. Das Innovative an ihr sind ihre Schlichtheit und die lässige, sportliche Anmutung. Mit ihren ausgewogenen Proportionen, der harmonischen Form und der Eleganz ist sie ein kleines Juwel unter den Handtaschen. Ihre besonderen Merkmale sind das *H*, das sich in einen Verschluss verwandelt – mal versilbert, mal vergoldet oder emailliert –, die doppelt gefalteten Seiten und die Sattlernaht mit offenen, geglätteten Kanten. Es gibt die Constance in verschiedenen Größen, mit Henkel oder Schulterriemen, aus Leder oder Leinen, ein- oder mehrfarbig. Gleich bleibt aber stets die gewölbte Umschlagklappe, auf der sich brillant das Licht fängt.

EVELYNE

1978

Eine der Besonderheiten der Evelyne ist das aus gestanzten Löchern bestehende und in ein Oval gesetzte *H*, das an den Hufabdruck eines Pferdes erinnert. Die 1978 herausgebrachte Tasche heißt nach ihrer damals für die Reitartikelabteilung verantwortlichen Designerin, die sich eine funktionale Tasche für das Pferdeputzzeug vorgestellt hatte. Dank der Löcher konnten die nach dem Putzen feuchten Utensilien trocknen. Bald wurde diese Tasche zu einem Alltagsbegleiter außerhalb des Reitsports, doch ihr Schulterriemen im Sattelgurtlook erinnert weiterhin an den ursprünglichen Zweck. Eine spätere Version der Evelyne zeigt das *H* in eine Raute gesetzt und als Applikation, inspiriert von einem Wappen auf einer Reitdecke, die in einem Hermès-Katalog aus dem Jahr 1926 abgebildet ist.

BIRKIN

1984

Dieses Objekt der Begierde ist das Ergebnis einer unerwarteten Begegnung. 1981 lernte Jean-Louis Dumas, damaliger Geschäftsführer von Hermès, auf einem Flug von London nach Paris Jane Birkin kennen. Die englische Schauspielerin vertraute ihm an, dass sie keine Tasche finden könne, die für ihren Alltag als junge Mutter groß genug sei. Sofort entwarf Dumas für sie eine geräumige Handtasche in lässigem Stil. Die Birkin ist mit allen typischen Hermès-Kennzeichen versehen: die Umschlagklappe mit keilförmigen Einschnitten, zwei rund genähte Henkel, Riemen und Drehverschluss. Heute wird sie in vielen Materialien, Farben und Größen angeboten, und ihr moderner Stil verleitet zu Experimenten: So gibt es die das Auge täuschende Birkin Shadow, bei der die Details wie Klappe, Riemen und Verschluss nicht wirklich vorhanden, sondern nur aufgeprägt sind, die Birkin So Black, bei der sogar die Metallelemente schwarz sind, die Birkin Sellier mit strukturierter Linienführung, die weiche und praktische Birkin Cargo aus festem Leinengewebe … diese Tasche lässt sich einfach immer wieder neu erfinden.

Es gibt die Birkin in zahlreichen Farben und in vier unterschiedlichen Größen (20, 25, 30 und 35 cm). Ebenso wie die Kelly regt sie zum Entwurf immer neuer Variationen an, die genauso erfolgreich sind wie das ursprüngliche Modell. Genannt seien hier die Birkin Faubourg, die auf die Ladenfront des Geschäfts in der Rue Faubourg-Saint-Honoré anspielt – ein sehr originelles Modell –, oder die Birkin Picnic aus Weidengeflecht und Leder.

ROULIS

2011

1938 entwarf Robert Dumas das Armband Chaîne d'ancre (»Ankerkette«). An der Handtasche Roulis (»Schlingern«) erinnert der Verschluss, unter den die Lasche der Umschlagklappe geschoben wird, an ein dieses Armband bildendes Kettenglied – stilisiert und in die Länge gezogen. Roulis bewegt sich irgendwo zwischen Retro-Stil und futuristischer Ästhetik. Die Tasche ist funktional, schlicht, aus robustem Material und doch sehr fein gestaltet. Man trägt sie in der Hand oder über der Schulter, und sie erlaubt so viel Bewegungsfreiheit, wie ihr Name vermuten lässt.

DER GRÖSSTE LUXUS: MASSANFERTIGUNGEN

Hinsichtlich Farbe, Details und Futter können die Taschen von Hermès individuell gestaltet werden. Die Handwerkerinnen und Handwerker setzen ihre ganze Kreativität ein, um alle Wünsche zu erfüllen, wie extravagant und ausgefallen sie auch sein mögen: ein Etui für den Taktstock eines Dirigenten, eine Tasche in Apfelform, von Hand gemalte Muster oder Motive … Bei diesen Einzelstücken ist alles möglich – vorausgesetzt, sie bleiben in Einklang mit dem Stil des Hauses.

DIE KUNST DER REPARATUR

Eine Hermès-Tasche ist so gefertigt, dass sie ewig hält und sich reparieren und vererben lässt. Darin besteht der wahre Luxus. Für Reparaturen zuständige Fachleute beherrschen die Künste der Sattlerei und der Täschnerei. Eine Sattlernaht nachnähen oder eine Farbe auffrischen sind Maßnahmen, die eine Tasche verjüngen und wieder wie neu aussehen lassen. Eine Hermès-Tasche kann ein Leben lang begleiten. Immer wieder schicken Kundinnen und Kunden Taschen ein, die repariert oder aufgemöbelt werden sollen, damit sie weiterhin getragen werden können. Hermès-Taschen sind geliebte Taschen, und bei Hermès sagt man gerne: *»Wir reparieren in erster Linie Geschichten.«*

HERVÉ CHAPELIER
STAR DER 1980ER-JAHRE

»Die Qualität made in France *ist uns wichtig.«* **Hervé Chapelier**

Gründung: 1976

Die Geschichte: Der in Biarritz geborene Hervé Chapelier pendelte zwischen den USA und Bordeaux, wo er Wirtschaftswissenschaften studierte, hin und her. In Saint-Tropez ließ er sich schließlich nieder und präsentierte seine ersten Taschen. Es handelte sich um Neuinterpretationen von Reisetaschen in lebhaften Farben wie Orange, Rot, Rosa, Gelb und Lila, mit Henkeln, die aus Material für Sicherheitsgurte bestanden. Bald wurde ihm Saint-Tropez zu klein, und er zog nach Paris, wo er in den frühen 1980er-Jahren Rucksäcke an begeisterte Jugendliche verkaufte. Auch heute noch genießen der Chapelier-Stil und seine Qualität *made in France* hohes Ansehen.

Wie lässt sich der Stil beschreiben? Chapeliers Markenzeichen sind schnörkellose Taschen aus buntem Nylon.

Der Insider-Satz: *»Mein Shopper? Ja, der sieht ein bisschen so aus wie der, den ich für die Schule hatte, aber der hier ist mit Leo-Print, das gab es damals noch nicht.«*

GUT ZU WISSEN
Den Shopper gibt es auch im Mini-Format ohne Henkel als Umhängetasche.

WER TRÄGT HERVÉ CHAPELIER?
Alle, die in den 1980er-Jahren Teenager waren, und heute ihre Kinder.

HERVÉ CHAPELIER

925

1985

Einfach. Essenziell. Eindeutig. 1985 war der Shopper aus zweifarbigem Nylon (der Boden hat eine andere Farbe als die Seiten) ein Hit bei Teenagern und jungen Leuten. Er fasst 18 Liter und ist erstaunlich stabil und widerstandsfähig. Weltweit wurde über eine Million Exemplare verkauft, die meisten davon in Asien, wo die Tasche überaus beliebt ist. Dazu trägt sicher sein Status *made in France* bei. Den Shopper 925 gibt es aus Nylon oder aus Polyamid, zweifarbig, uni oder gemustert (Leopard, Camouflage oder Paisley).

FLÂNEUR

Der Name dieser Tasche ist von einem Satz aus *Die Elenden* von Victor Hugo in
riert: »*Irren ist menschlich, flanieren ist pariserisch.*« Mit ihren harmonischen Rundun
und dem glatten Leder ist Flâneur eine zeitlose Tasche, die uns den ganzen Tag du
Paris und andere Orte begleiten kann. Man trägt sie als Crossbody oder als Schultertasc

HERVÉ CHAPELIER

INES DE LA FRESSANGE P…
PARISER CHIC

»Eine auf die Schuhe abgestimmte Handtasche m… einen automatisch um zehn Jahre älter.« **Inès de la Fress…**

Gründung: 1991

Die Geschichte: Gleich zu Beginn ihrer Modelkarriere fiel Inès de la Fressange durch ihre Witze auf, die sie auf dem Laufsteg machte, was ihr bald den Spitznamen »das sprechende Model« einbrachte. Im Jahr 1983 erwählte der damals für das Haus CHANEL tätige Karl Lagerfeld sie zu seiner Muse. Sie blieb es sechs Jahre lang. 1991 brachte sie ihr eigenes Label für Kleidung und Accessoires auf den Markt. Sie verließ ihr Unternehmen 1999 und tauchte 2002 als Kreativbotschafterin an der Seite von Art Director Bruno Frisoni bei Roger Vivier auf. 2013 übernahm Inès de la Fressange wieder die künstlerische Leitung ihrer Marke, die mit mehreren Boutiquen schnell wuchs und in die ganze Welt exportiert wurde.

Wie lässt sich der Stil beschreiben? Mit den Worten von Inès: *»Diese Marke will Ihnen Gutes tun. Sie ist für alle Frauen gedacht, die Belangloses lieben und gleichzeitig tiefsinnige Bücher lesen können.«* Ja, so ist er, der wahre Pariser Chic.

Der Insider-Satz: *»Wenn du eine von Inès de la Fressange entworfene Tasche trägst, musst du zwangsläufig Stil haben.«*

ISABEL MARANT
DIE URBANE BOHÈME

»Mode hat etwas Verspieltes an sich. Man sollte das Ganze auch nicht zu ernst nehmen.«

Isabel Marant

Gründung: 1995

Die Geschichte: 1989 gründete Isabel Marant im Alter von 22 Jahren Twen, ihre erste Marke für Strick und Jersey. Sechs Jahre später stellte sie ihre erste Kollektion unter eigenem Namen vor, 1998 eröffnete sie ihr erstes Geschäft in der Pariser Rue de Charonne. Sie hatte Erfolg und konnte ihre Marke mit der noch stärker bohèmehaften Linie Isabel Marant Étoile ausbauen. Ab 2017 entwarf sie auch Herrenkollektionen. Ihre Inspirationen für den schicken Look mit Gipsy-Touch holt sich Isabel in aller Herren Länder.

Wie lässt sich der Stil beschreiben? Cool, rockig, großstädtisch mit einer Prise Bohème.

Der Insider-Satz: *»Isabel hat zweiundzwanzig Jahre gewartet, bevor sie ihre erste Taschenlinie lancierte. Deshalb sind alle Taschen gut durchdacht, und alle wollen sie haben.«*

GUT ZU WISSEN
Als bekennender Fan der Handwerkskunst bevorzugt Isabel Marant Handarbeit und engagiert sich für den Erhalt des Textilhandwerks. Weil ihr Nachhaltigkeit ebenso wichtig ist, hat sie eine digitale Plattform, Isabel Marant Vintage, geschaffen, auf der ihre Modelle ein zweites Leben finden können.

WER TRÄGT ISABEL MARANT?
Gisele Bündchen, Gigi Hadid, Elsa Hosk, Kate Hudson, Rita Ora, Vanessa Paradis.

OSKAN MOON

Diese mit Nieten besetzte Baguette-Tasche repräsentiert Isabel Marants Stil: Die Nieten verleihen der Tasche im Gipsy-Look einen rockigen Touch und machen sie gleichzeitig stadtfein. Die aus mit Pflanzenstoffen gegerbtem Leder gefertigte Oskan Moon gibt es als Shopper, als Gürteltasche und in quadratischem Format, die Version Moon wird stets über der Schulter getragen. Der Markenname prangt, wie bei den meisten Taschen von Isabel Marant, in Goldprägung auf der Vorderseite.

NIAMEY

Wer diese Tasche trägt, vertritt eindeutig die Isabel-Marant-Attitüde. Die Niamey ist in Makramee-Technik aus 100%-iger Baumwolle geflochten und ein Meisterstück der Handwerkskunst. Ihre Weichheit macht sie noch cooler. Man trägt sie über der Schulter.

VIGO

Vigo ist die schlichteste und sachlichste Tasche von Isabel Marant. Sie besteht aus Leder oder Veloursleder und schließt mit einem lederüberzogenen Knebel und einem geflochtenen Riemchen. Ebenso wie bei der Tyag ist der Schulterriemen aus Leder geflochten. Es gibt auch eine Variante mit Umschlagklappe.

ISABEL
MARANT

ISABEL
MARANT

ISABEL
MARANT

ISABEL
MARANT

ISSEY MIYAKE

IKONISCHER HIT · IKONISCHER HIT ·

BAO BAO

Die erste Bao Bao erblickte in der Saison Herbst/Winter 2010 das Licht der Welt. Die aus Dreiecken zusammengesetzte Tasche kann verschiedene Formen annehmen und dann wieder flach ausgebreitet werden. Es gibt das Taschenwunder in mehreren Farben – auch gemustert – und insgesamt schon über zehn Jahre. Die Bao Bao ist die Signature-Tasche des 2022 verstorbenen japanischen Modeschöpfers, den Steve Jobs überaus verehrte (dessen schwarzer Rolli ebenfalls von Miyake stammte), und ein absoluter Star unter den Taschen.

JACQUEMUS SINNLICHE FRISCHE

»Ich wollte immer, dass JACQUEMUS eine leicht zu lesende Marke ist, dass sie einladend wirkt.« **Simon Porte Jacquemus**

Gründung: 2009

Die Geschichte: Der 1990 in Südfrankreich geborene Simon Porte Jacquemus ging mit 18 Jahren nach Paris, um dort Mode zu studieren, änderte jedoch seine Pläne, um beim Modemagazin *Citizen K* zu arbeiten. Der plötzliche Tod seiner Mutter veranlasste ihn dazu, doch als Modeschöpfer tätig zu werden. 2009 lancierte er seine Marke, die er nach dem Mädchennamen seiner Mutter JACQUEMUS nannte. Simon ließ sich von seiner Heimat Provence und dem Andenken an seine Mutter, eine schöne und lebenslustige Frau, inspirieren. 2018 stellte er eine Herrenkollektion vor. Im Folgejahr entschied er sich für eine gemischte Kollektion. Seine vielbeachteten Modenschauen veranstaltet er an spektakulären Orten: auf Lavendelfeldern, am Salzsee bei Salin-de-Giraud oder in den Gärten von Versailles. Mittlerweile ist er international so erfolgreich, dass er bei den Großen mitspielt.

Wie lässt sich der Stil beschreiben? Eine großzügige Portion Sinnlichkeit, eine kleine Prise Minimalismus, viel Frische und ein Hauch von Humor.

Der Insider-Satz: *»Die Mini-Tasche Chiquito beweist, dass das Nebensächliche nicht unwichtig ist.«*

WER TRÄGT JACQUEMUS?

Verkürzt könnte man sagen: »all die Frauen, die im Starbusiness eine Rolle spielen.« Man kann sie aber auch einzeln aufzählen: Adele, Charli D'Amelio, Angèle, Beyoncé, Hailey Bieber, Penélope Cruz, Karol G, Bella und Gigi Hadid, Jennie Kim (Blackpink), Dua Lipa, Eva Longoria, Jennifer Lopez, Emily Ratajkowski und Rihanna.

GUT ZU WISSEN

Simon Porte Jacquemus ist ein Meister der Pop-up-Stores. 2019 eröffnete er seinen ersten Pop-up-Store Les Fleurs (»Die Blumen«) und dekorierte den Shop mit in fließende Stoffe gewickelte Blumensträuße. Um seine Taschenkreation Bambino Long werbewirksam zu lancieren, ließ er 2021 einen Verkaufsautomaten aufstellen, aus dem man sich rund um die Uhr Jacquemus' Kreationen ziehen konnte. Im Sommer eröffnet er regelmäßig Pop-up-Stores an beliebten Orten wie etwa Saint-Tropez.

CHIQUITO

2017

Diese Tasche ließ ihren Schöpfer blitzschnell berühmt werden. Angefangen von den Fashionistas bis hin zu den Modeprofis – alle waren begeistert. Die langen Henkel im Verhältnis zum kleinen Taschenkörper machen das Täschchen unverwechselbar und unwiderstehlich für alle, die extravagante Taschen lieben. Die Chiquito ist extrem weiblich, hat ungewöhnliche Proportionen (maximal passen eine Kreditkarte und ein Schlüssel hinein) und fröhliche Farben. Und natürlich viel Persönlichkeit. Sie ist aus Leder, es gibt sie in mehreren Größen, und sie hat einen abnehmbaren Schultergurt. Der Markenname findet sich ausgeschrieben auf der Vorderseite. Varianten sind Chiquito Noeud mit einem dank Druckknopf verstellbaren Riemen und die längliche Version Chiquito long.

JACQUEMUS
JACQUEMUS
JACQUEMUS
JACQUEMUS

BAMBINO

2020

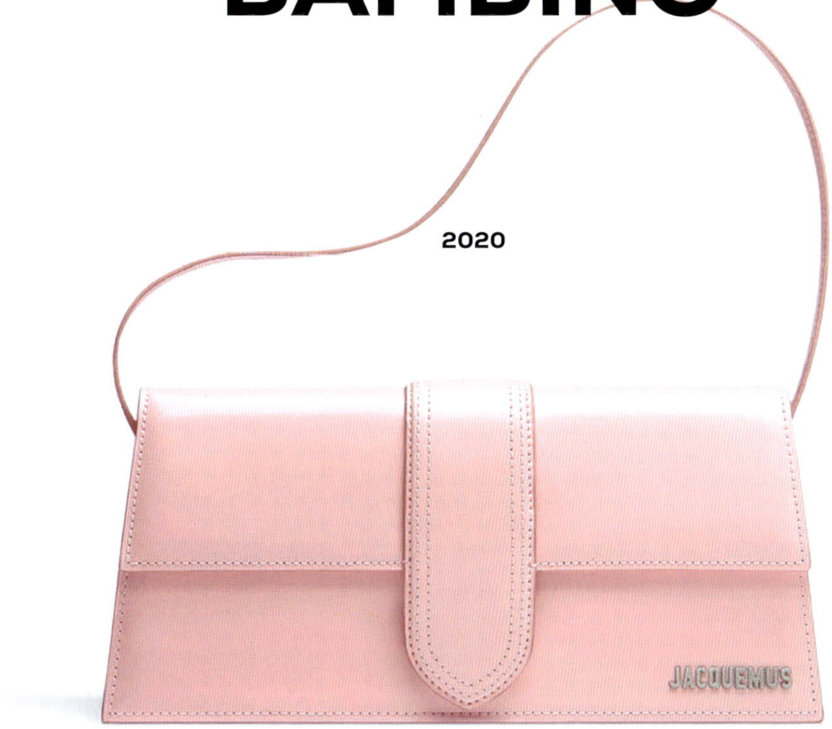

Jacquemus' zweite ikonische Tasche ist die Bambino: etwas braver, aber immer noch scharfkantig und eckig. Ihr besonderes Kennzeichen ist die Lasche in der Mitte. Die Bambino ist aus Leder und wird als Clutch in der Hand oder als Umhängetasche getragen. Ebenso wie die Chiquito gibt es sie in vielen fröhlichen Farben. Und auch Varianten sind erhältlich: länglich (Bambino long), mit einem Henkel aus Lederriemchen (Bambino long Ficiu), aus Weidengeflecht (Bambino long Osier), ein weicheres Modell aus wattiertem Leder (Bambimou), aus Lammfell (Bambidou) oder aus Glattleder (Bambinou).

JACQUEMUS

JÉRÔME DREYFUSS
SYMPATHISCHER AUFTRITT

»Die Tasche betont den Look einer Frau.«

Jérôme Dreyfuss

Gründung: 2002

Die Geschichte: Mit 17 Jahren ging Jérôme Dreyfuss nach Paris, um in der Modebranche zu arbeiten. Schon bald gehörte er John Gallianos Team an und wurde dessen Assistent. 1998, im Alter von 23 Jahren, präsentierte er seine erste Kollektion, die er als »Couture à Porter« bezeichnete. Der Erfolg stellte sich sofort ein, Dreyfuss wurde mit dem französischen Modepreis Prix de l'Andam ausgezeichnet und im folgenden Jahr von Michael Jackson beauftragt, Bühnenkostüme für ihn zu entwerfen. Seine erste Accessoires-Kollektion stellte Dreyfuss 2002 vor. *»Ich wollte eine Tasche machen: Ich habe ein Stück Leder genommen und es so bearbeitet wie für ein Kleid, deshalb ist die Tasche so weich.«* Jérôme arbeitet ausschließlich mit auf Pflanzenbasis gegerbtem Leder von Tieren aus Freilandhaltung. Billy, Bobi, Lulu, Philippe … Seine Taschen tragen allesamt männliche Vornamen, denn sie sollen, wie Dreyfuss sagt, ja Frauen gefallen.

Wie lässt sich der Stil beschreiben? Jérôme Dreyfuss möchte weiche Taschen, die sich an den Körper anschmiegen und die Bewegungsfreiheit nicht einschränken. Understatement mit edlen Materialien: ein authentischer und sehr sympathischer Luxus.

Der Insider-Satz: *»Ich habe mich auf den ersten Blick in Bobi verliebt, ich weiß noch nicht, wie ich das Billy beibringen soll …«*

GUT ZU WISSEN

Jérôme Dreyfuss legt Wert darauf festzustellen: ***»Leder ist ein uraltes ökologisches Material, denn es ist langlebig, und man kann es sowohl reparieren als auch recyceln. Ein edles Material, das eine Patina bekommt und mit der Zeit immer schöner wird.«***

WER TRÄGT JÉRÔME DREYFUSS?

Jessica Biel, Sarah Jessica Parker, Emma Roberts, Carla Bruni, Taylor Swift, Naomi Watts.

JÉRÔME DREYFUSS

BILLY

2002

Diesem großen, weichen Shopper haben die Jahre nichts anhaben können, er zählt immer noch zu den ikonischen Modellen des Hauses. In der ersten Saison wurden 50 Exemplare verkauft … mittlerweile gehen weltweit jährlich 90 000 Billys über den Ladentisch. Er ist und bleibt ein unverzichtbarer Begleiter beim Einkauf und bei Freizeitaktivitäten. Druckknöpfe dienen als Verschluss, und er verfügt über zwei Henkel und einen Schulterriemen aus Leder. Vorne hat er eine Außentasche mit Reißverschluss, innen einen Schlüsselanhänger. Billy ist aus Kalbsleder, es gibt ihn in verschiedenen Größen (Billy S oder Nano) und Formaten (Gürteltasche Billy Banane). Woran man erkennt, dass er von Jérôme Dreyfuss ist? An den doppelten Nietenpaaren zu beiden Seiten der Vorderseite.

BOBI

Bobi begeistert mit Sicherheit alle Handtaschenfans: praktisch dank mehrerer Innenfächer, mit einem herausnehmbaren Taschenspiegel ausgestattet und von idealer Größe. Reißverschlüsse an den Seiten gestatten es, sein Fassungsvermögen zu vergrößern. Als Schulterriemen dient eine Metallkette mit eingeflochtenem Leder, die im Schulterbereich durch Leder ersetzt wird. Es gibt Bobi in Kalbs- oder Ziegenleder (ein Modell ist sogar aus Schlangenleder gefertigt) und in drei Größen. Die drei kleinen Nieten, jeweils zu beiden Seiten der Vorderseite, dienen als Markenzeichen.

LULU

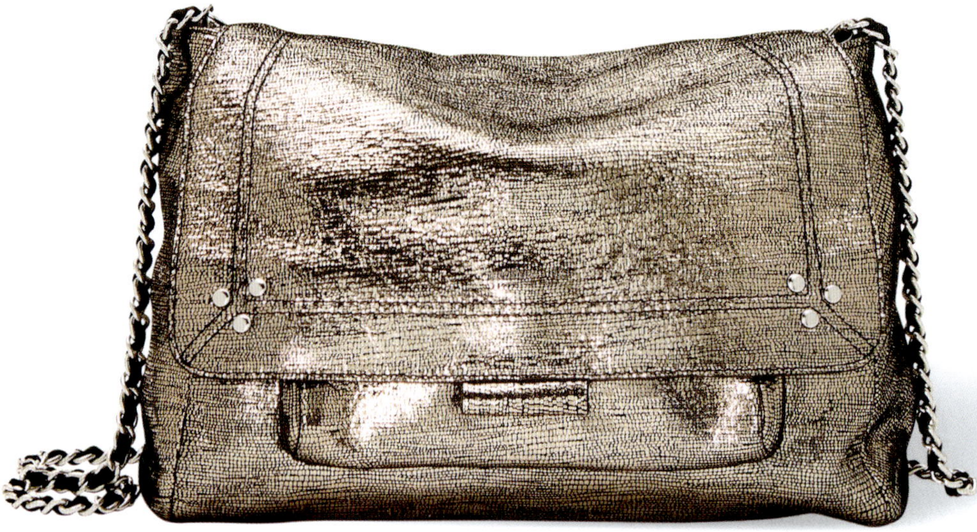

Ebenso wie Bobi wird auch Lulu nie aus der Mode kommen. Lulu weist mehr Rundungen auf als Bobi, ist aber ebenso praktisch. Die Umschlagklappe verdeckt eine kleine Vordertasche mit Magnetverschluss, und in die Kette ist ein Lederriemen eingeflochten. Lulu gibt es aus Kalbsleder, Taurillon, Ziegen- oder Schlangenleder, aber auch aus einem Baumwoll-Viskosegemisch. Die Tasche ist außerdem in sechs Größen erhältlich: von XS bis XL. Die sechs kleinen typischen Nieten befinden sich an der Vorderseite.

LINO BANANE

Die Gürteltasche, auf Französisch ›banane‹ genannt, wird von den vielbeschäftigten Pariserinnen und Parisern sehr geschätzt. Man trägt sie in der Taille oder als kurze Crossbody. Wie alle Taschen von Jérôme Dreyfuss ist sie in unterschiedlichen Ausführungen erhältlich: in Kalbsleder, Taurillon, Ziegenleder, laminiertem Ziegenleder und Spaltleder.

JÉRÔME DREYFUSS

JERRY

Eine Umhängetasche, die sehr modisch wirkt – dank ihrer Fransen. Und der Clou? Die Fransen sind abnehmbar, sodass man nicht im Wild-West-Look ins Büro gehen muss. Jerry hat einen Henkel, mit dem man die Tasche über der Schulter tragen kann, und einen langen Riemen, der sie zur Crossbody macht. Verschlossen wird sie mit einem Druckknopf. Jerry gibt es aus unterschiedlichen Materialien (Büffelleder, Schlangenleder, Ziegenleder, Baumwolle …) und in verschiedenen Größen.

LÉON

Der Inbegriff des Shoppers ist ein idealer Begleiter auf Reisen, weil alles hineinpasst, was man unterwegs so braucht, und im Alltag lässt sich darin das Laptop verstauen. Léon ist mit vier Lederhenkeln ausgestattet, zwei kurze und zwei längere. Es gibt ihn u. a. in Kalbsspaltleder, Veloursleder und Baumwollleinen. Er verfügt über ein großes Innenfach und wird von einer Börse begleitet, die mit einem Riemen am Shopper befestigt ist. Die kleinen Signature-Nieten befinden sich oben, unterhalb der Henkel.

JÉRÔME DREYFUSS

JIMMY CHOO
GLAMOUR PUR

»Ein Designer merkt, dass er Perfektion erreicht hat, nicht daran, dass er nichts mehr hinzufügen muss, sondern daran, dass er nichts mehr weglassen muss.«

Jimmy Choo

Gründung: 1996

Die Geschichte: Jimmy Chow, wie er mit richtigem Namen heißt – nach einem Fehler auf dem Standesamt wurde sein Name zu Choo –, wurde in Malaysia in eine Familie chinesischer Schuhmacher hineingeboren. Mit 34 Jahren ging er nach London, um an der dortigen Hochschule für Mode, dem London College of Fashion, zu studieren. Er begann, für einen sehr exklusiven Kundenkreis Schuhe zu entwerfen. Unter seinen Kunden befand sich auch Lady Diana. 1996 lancierte Choo gemeinsam mit Tamara Mellon seine Marke, die bald bei Stars wie Madonna, Katie Holmes oder Reese Witherspoon große Beliebtheit besaß. 2001 präsentierte er eine Handtaschenlinie. Nach dem Weggang von Tamara Mellon vertraute er die künstlerische Leitung seines Unternehmens Simon Holloway und seiner Nichte Sandra Choi an. Neben Schuhen und Handtaschen bringt die Marke auch Sonnenbrillen, Kosmetika und Parfums heraus.

Wie lässt sich der Stil beschreiben? Choos Kreationen sind die Quintessenz des Glamours. Ob Schuhe oder Handtaschen: Die Accessoires von Jimmy Choo bringen unser Leben zum Glitzern.

Der Insider-Satz: *»Jimmy Choo ist das ›choo-choo‹ der VIPs!«*

GUT ZU WISSEN

Um die Lebensdauer der Handtaschen zu verlängern, rät das Haus Jimmy Choo: ***»Verwahren Sie Ihre Handtaschen stets in Schutzhüllen und stellen Sie sie senkrecht auf. Achten Sie darauf, Schulterriemen und Ketten in die Tasche hineinzustecken, damit sie nicht beschädigt werden. Alle Verschlüsse sollten korrekt verschlossen sein.«***

WER TRÄGT JIMMY CHOO?

Einer seiner ersten Fans war Lady Diana. Seither gibt es viele, die seine Kreationen bewundern, darunter etwa Beyoncé, Jennifer Lopez, Hailey Bieber, Jourdan Dunn, Lizzo, Kendall Jenner, Kate Moss, Emma Roberts und Sienna Miller.

BON BON

Diese ikonische Bucket-Bag (»Beuteltasche«) wird in der Hand und als Umhängetasche getragen. Geschlossen wird sie mit einer in Quasten endenden Kette, die als Kordelzug fungiert. Das in Italien gefertigte Modell gibt es in zwei Formaten, die klassische Bon Bon und die Bon Bon Bucket. Die Tagesversion, meist aus Kalbsleder, kann aber auch aus Bast oder mit Nieten besetzt sein und wird von einem Schulterriemen aus Leder ergänzt. Die Abendversion aus nachhaltigem Satin (28 % Bioseide und 72 % zertifizierte Viskose) oder aus mit Kristallen verziertem Satinnetz verfügt über eine Schulterkette. Allein für die Fertigung des mit Swarovski-Kristallen verzierten, armreifähnlichen Henkels werden drei Arbeitsstunden benötigt, denn jedes Steinchen wird von Hand angebracht.

JIMMY CHOO

AVENUE

2022

Die Avenue ist die Jimmy-Choo-Tasche mit dem höchsten Wiedererkennungswert, denn das vergoldete JC-Logo ist sehr auffällig. Mit der Kette als Schultergurt gibt es sie mit wattiertem, abgestepptem Leder als Tagestasche (die Modelle Quad und Shoulder), als Shopper (Tote), im Mikroformat (so klein, dass nur Lippenstift, Handy und Schlüssel hineinpassen) oder aber als Abendtäschchen (die Modelle Pouch und Clutch). Erhältlich ist sie in Rosa, Bordeaux oder Schwarz. Obwohl sie erst 2022 herausgekommen ist, sagt man ihr bereits eine lange währende Zukunft voraus.

CALLIE

Dieses sehr weiche Abendtäschchen nimmt eine originelle Form an, wenn man die gesamte Schulterkette durch den mit einer Quaste verzierten Ring zieht. Die Callie gibt es in Metallic-Leder, in glitzerndem Wildleder und mit Strassbesatz, kurz: aus allen Materialien, die für Glamour sorgen und so den Abendlook perfekt machen.

JIMMY CHOO

BONNY

Der gedrehte Henkel ist ihr Erkennungszeichen. Aus Metallic-Nappa oder Satin wirkt Bonny wie ein drapiertes Kleid. Man trägt das edle Stück in der Hand oder mit der an der Tasche angebrachten Kette über der Schulter.

JW ANDERSON ULTRAMODERN UND ORIGINELL

»Wir leben in einer Welt, in der die Menschen keine Tasche ohne Geschichte haben wollen.« **Jonathan Anderson**

Gründung: 2008

Die Geschichte: Bevor er Modeschöpfer wurde, versuchte sich der Ire Jonathan Anderson als Schauspieler. Nach seinem Abschluss am London College of Fashion 2005 kümmerte er sich bei Prada um das *visual merchandising* und gründete 2008 seine eigene Marke, die zunächst Herrenmode, später auch Damenmode anbot und mittlerweile beide Linien weiterführt. 2012 entwarf JW Anderson Kapselkollektionen (einmalig produzierte und limitierte Kollektionen, meist im Zuge einer Kooperation) für Topshop, was ihm einen hohen Bekanntheitsgrad verschaffte. Anschließend designte er eine Kollektion für Versace Versus, bevor er Art Director bei LOEWE wurde.

Wie lässt sich der Stil beschreiben? JW Andersons Kreationen, die sich keinen kurzlebigen Trends unterwerfen, begeistern alle, die Mode lieben. Sie spielen mit überkommenen Vorstellungen typisch männlicher und weiblicher Mode und wagen neue Ansätze jenseits der Geschlechternormen. JW beherrscht die Kunst der Mode.

Der Insider-Satz: *»Erinnerst du dich an die Patchwork-Colorblock-Strickjacke von Harry Styles, die alle nachstricken wollten? Sie war von JW Anderson.«*

WER TRÄGT JW ANDERSON?

Alexa Chung, Jourdan Dunn, Gal Gadot, Gigi Hadid, Dua Lipa, Chloe Moretz, Emily Ratajkowski und natürlich Harry Styles.

GUT ZU WISSEN

Jonathan Anderson gründete eine Stiftung, die Arbeiten junger Künstler für Großbritanniens Museen ankauft.

JW ANDERSON

TWISTER

2015

Trotz des diskret angebrachten Logos ist diese Tasche leicht zuzuordnen. Der gedrehte Henkel verleiht ihr das gewisse Etwas. Sie hat einen Magnetverschluss, und man kann sie in der Hand oder als Umhängetasche tragen. Am häufigsten wird sie aus Leder hergestellt, doch es gibt sie auch aus Webpelz oder Denim. Twister ist in drei Größen und in zahlreichen Farben erhältlich, u. a. in Senfgelb und Blassrosa.

BUMPER

2022

Eine Tasche, die vor Stößen schützen kann, ist sofort sympathisch. In nur knapp einem Jahr wurde die Bumper (»Stoßstange«) zur ikonischen Tasche des Hauses JW Anderson. Sie wird aus unterschiedlichen Materialien hergestellt, darunter Leder, mit Kristallen besetztes Leder oder mit dem Markenlogo bedrucktes Leinen. Häufig präsentiert sie sich zweifarbig. Man trägt die Bumper als Schultertasche oder als Crossbody. Die halbmondförmige Bumper Moon kann als Schultertasche und, mit längerem Riemen, ebenfalls als Crossbody getragen werden.

PIGEON

2022

Diese hier könnte die Totem-Tasche der Pariserinnen und Pariser sein! Als sie für den Herbst 2022 vorgestellt wurde, ahnte man bereits, dass dieser Vogel auch noch lange nach der Saison über den Modehimmel fliegen würde, denn noch nie haben sich die Massen so sehr für einen Vogel begeistert wie für diesen. Die mittels 3D-Drucker hergestellte Minaudière besitzt einen aufklappbaren Flügel und kann Lippenstift und Schlüssel aufnehmen. Sarah Jessica Parker trägt sie in einer Folge von *And Just Like That …*, der Fortsetzung der Serie *Sex and the City*. Eine potenzielle It-Bag fürs Leben!

NINON

2018

Gar nicht so einfach, gleichzeitig weich und strukturiert auszusehen! Der Tasche Ninon mit ihrer unverkennbaren Form und dem (abnehmbaren) Henkel mit dem Firmenlogo gelingt es trotzdem. Die Tasche besitzt außerdem einen langen Riemen aus Metall und Leder, der mehrere Tragevarianten ermöglicht. Sie verfügt über eine Innentasche, eine unter der Umschlagklappe verborgene Tasche und eine an der Rückseite. Der asymmetrische Reißverschluss verleiht ihr etwas Rockiges. Es gibt sie aus genarbtem Rindsleder, aber auch aus Glattleder und Nylongewebe sowie in mehreren Größen und einer großen Anzahl von Farben. Ihr Rot ist eine Signature-Farbe von Lancel.

LOEWE
ZEITLOS UND MODERN

»LOEWE steht für Spanien, Handwerkskunst, eine Art, mit Leder umzugehen, und eine gewisse Zurückhaltung.«

Jonathan Anderson

Gründung: 1846

Die Geschichte: Ursprünglich war LOEWE eine kleine Lederwerkstatt in Madrid, aus der 1872 eine Lederkooperative wurde, die sich um den deutschen Heinrich Loewe Rössberg herum gruppierte. Unter dem Firmennamen E. (für Enrique/Heinrich) Loewe stellte sie mit bemerkenswertem handwerklichen Können Taschen und kleine Accessoires aus hochwertigem Leder her. 1910 eröffnete sie in Barcelona ein eigenes Geschäft. Ab 1945 entwickelten sich Handtaschen aus Boxkalb zu Klassikern der Marke. In den 1970er-Jahren wurden die ersten Prêt-à-porter-Kollektionen vorgestellt sowie eine Parfumlinie lanciert. Mehrere Designer, darunter Narciso Rodriguez, José Enrique Oña Selfa und Stuart Vevers, lösten einander in der Position der künstlerischen Leitung ab. Seit dem Jahr 2013 entwirft der Ire JW Anderson (der auch seine eigene Marke JW Anderson besitzt) die Kollektionen von LOEWE und prägt sie durch seinen verspielten und gleichzeitig ultramodernen Stil.

Wie lässt sich der Stil beschreiben? Diskreter, schlichter Luxus, der durch kleine künstlerische Twists Aufsehen erregt. Ungewöhnliche Kreationen, die von Handwerkskunst und Mut zur Innovation künden.

Der Insider-Satz: *»LOEWE ist die Handwerkskunst der Zukunft.«*

GUT ZU WISSEN

Handwerkskunst bildet das Herz von LOEWE. Seit 2016 lobt die Stiftung LOEWE FOUNDATION einen Preis für herausragendes, innovatives und künstlerisches zeitgenössisches Handwerk aus. Die Bewerbungen treffen aus über 100 Ländern ein.

WER TRÄGT LOEWE?

Beyoncé, Jeanne Cadieu, Emma Corrin, Kirsten Dunst, Ariana Grande, Jennifer Lawrence, Dua Lipa, Emma Watson, Reese Witherspoon und Zendaya.

AMAZONA

Die 1975 herausgebrachte Amazona spielt auf die Amazonen, jene mythischen Kriegerinnen und Jägerinnen, an. Die Tasche spricht all diejenigen an, die sich eine Alltagsbegleiterin wünschen, in die alles Wichtige hineinpasst. Die aus weichem Leder gefertigte Tasche ist an allen wichtigen Stellen mit festem, genarbtem Leder verstärkt und außerdem mit Logoprägung versehen. Jonathan Anderson erfand die Kulttasche für die Kollektion Herbst/Winter 2021–2022 neu. Nach wie vor wird sie aus Qualitätsleder oder aus Anagramm-Jacquard hergestellt, doch gibt es sie nun in verschiedenen Größen, und sie ist mit einem Schulterriemen ausgestattet. Auf einem kleinen an der Tasche befestigtem Schloss prangt das Firmenlogo.

LOEWE

DIE AMAZONA, EIN JUWEL DER HANDWERKSKUNST

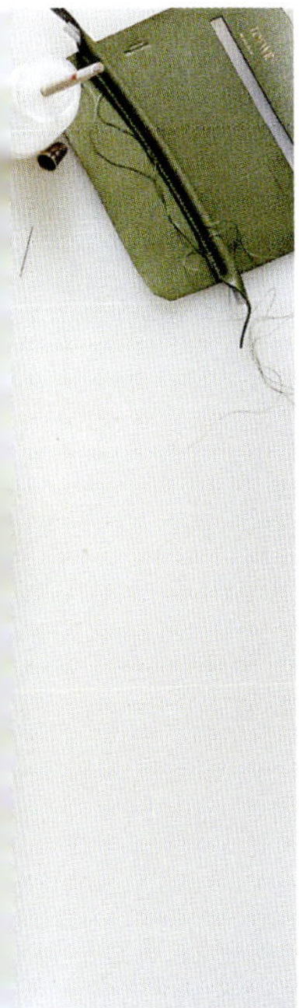

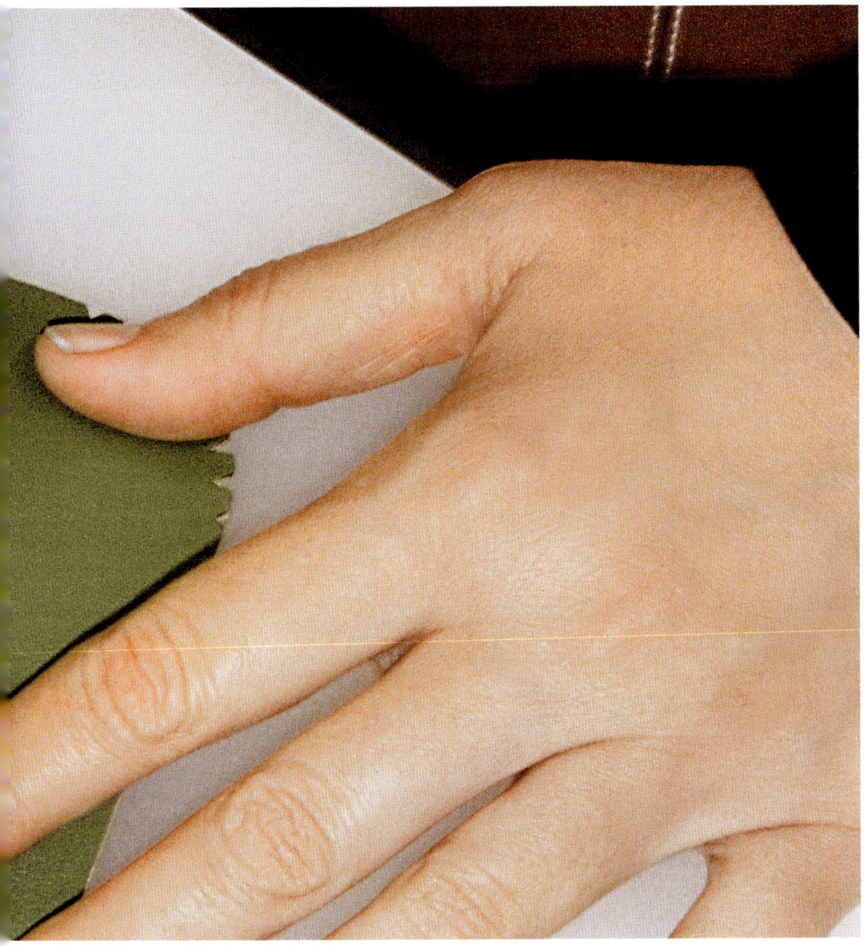

PUZZLE

Dies ist die erste von Jonathan Anderson für LOEWE entworfene Tasche. Ihre kubische Form und eine präzise Zuschneidetechnik lassen die markante geometrische Linienführung entstehen. Mittlerweile ist die Puzzle ebenso ikonisch wie die Amazona. Es gibt sie in unterschiedlichen Versionen (als Gürteltasche oder Shopper) und in sehr vielen Farben. Zumeist wird sie aus Kalbsleder gefertigt. Der Schulterriemen ist abnehmbar, und außer über der Schulter kann man sie auch in der Hand oder als Crossbody tragen. Die orangefarbene Tasche (hier oben) ging aus der Kooperation mit dem Studio Ghibli für Hayao Miyazakis Film *Das wandelnde Schloss* hervor. Es gibt sie nur in limitierter Auflage.

FLAMENCO

Die Flamenco aus den 1970er-Jahren lässt sich mit einem Lederband zuziehen, dessen Enden die für LOEWE typischen Knoten aufweisen. Sie besteht aus Kalbsnappa, und es gibt sie als Handtasche oder Pochette und mit abnehmbaren Schultergurt.

PASEO

Die Paseo ist die Cousine der Flamenco, auch sie aus weichem Leder und mit Lederbändern, die in Knoten enden. Durch ihre Form, die eleganten Falten und die hochgezogenen Henkel fällt sie sofort auf. Und dass sie eine LOEWE-Tasche ist, weiß man, auch ohne den Markennamen zu lesen, der unterhalb der Henkel eingeprägt ist.

LOEWE

GATE

Die Gate aus weichem Kalbsleder stellt einmal mehr das handwerkliche Können von LOEWE unter Beweis. Ihre Vorderseite ziert ein eleganter Lederknoten, sie hat einen verstellbaren Schulterriemen, ebenfalls aus Leder, und einen seitlich angebrachten Metallstift, der an den Verschluss eines Tores erinnert und dem sie ihren Namen verdankt. Man trägt sie als Schultertasche oder als Crossbody, und es gibt sie in mehreren Größen und zahlreichen Farben. Das Firmenlogo ist oben in die Umschlagklappe eingeprägt.

HAMMOCK

Dank ihrer ausgeklügelten Machart lässt sich die Hammock im Handumdrehen verwandeln, indem man die Seitenteile herausklappt. Sie hat eine äußere Reißverschlusstasche und zwei Innentaschen. Der Schultergurt (manchmal mit dem LOEWE-Schriftzug versehen) ist abnehmbar, und die verstellbaren Riemen ermöglichen es, die Tasche auf vielfältige Weise zu tragen. Sie kann aus Kalbsleder, satiniertem Kalbsleder oder genarbtem Kalbsleder gefertigt sein. Das Firmenlogo ist unterhalb der Henkel eingeprägt.

LOEWE

LONGCHAMP
FRÖHLICH PARISERISCH

»Ich kreiere für echte Frauen, die ein echtes Leben haben.«
Sophie Delafontaine, Art Director von Longchamp

Gründung: 1948

Die Geschichte: Longchamp ist in erster Linie eine Familiengeschichte. 1926 übernahm Jean Cassegrain das Tabakwarengeschäft seiner Eltern. 1948 gründete er Longchamp und verkaufte luxuriöse, mit Leder besetzte Pfeifen. Im Mai desselben Jahres stellte er seine umfangreiche Kollektion auf der Foire de Paris (Messe von Paris) mit großem Erfolg aus. 1961 eröffnete er im neuen Flughafen Paris-Orly einen Laden für Reiseartikel. Im Jahr 1972 übernahm Jeans Sohn Philippe Cassegrain die Geschäftsleitung. Er entwarf 1993 die ikonische Tasche Le Pliage aus Nylongewebe. Außer Lederwaren und andere Accessoires verkauft die Firma auch Konfektionskleidung und Schuhe. Heute hat die dritte Cassegrain-Generation die Zügel in der Hand: Jean ist der CEO, seine Schwester Sophie Delafontaine die künstlerische Leiterin, und Bruder Olivier kümmert sich um die firmeneigenen Läden in Amerika.

Wie lässt sich der Stil beschreiben? Bestens tauglich für den Pariser Alltag und geeignet für energiegeladene Stadtmenschen – mit dem erklärten Willen, französische Handwerkskunst zu fördern und ausschließlich hochwertige Materialien zu verarbeiten.

Der Insider-Satz: *»In meiner Tasche Le Pliage habe ich immer eine Le-Pliage-Tasche dabei. Das Leben ist voller unvorhergesehener Ereignisse, ich bin gerne vorbeireitet.«*

WER TRÄGT LONGCHAMP?
Jessica Alba, Ashley Benson, Lily Collins in *Emily in Paris*, Miley Cyrus, Elle Fanning, Gigi Hadid, Martha Hunt, Kendall Jenner, Kate Middleton, Lila Moss, Lupita Nyong'o, Rita Ora, Olivia Palermo, Barbara Palvin, Coco Rocha, Naomi Watts, Suki Waterhouse.

GUT ZU WISSEN
Die Maison Longchamp, die sich seit jeher für eine nachhaltige Produktionsweise engagiert, unterstützt finanziell die Initiative Les MétamorFoses, die fehlerhafte Materialien bekannter französischer Manufakturen für Recyclingkunstwerke nutzt.

LE PLIAGE

1993

Wer kennt sie nicht, die Le Pliage? Eine Kulttasche, die jungen Menschen ebenso gefällt wie ihrer Großelterngeneration. Das Modell verbindet Funktionalität (sie lässt sich bei Nichtgebrauch sehr klein zusammenfalten), Stabilität, Leichtigkeit und ansprechendes Design. Aus ultraleichtem Nylongewebe hergestellt und mit einer Umschlagklappe und Henkeln aus Juchtenleder, ist die Nähe dieses Shoppers zur japanischen Kunst des Origami unübersehbar. Zusammengefaltet nimmt sie nicht mehr Platz ein als ein Taschenbuch, doch meist ist sie auseinandergefaltet und in Gebrauch, und das sogar abends. Sie verfügt über einen Reißverschluss, wird in zahlreichen Varianten (Le Pliage Xtra, Le Pliage Collection …), unterschiedlichen Formaten (Shopper, Rucksack, Aktentasche, Handtasche, Reisetasche) und Größen angeboten. In jeder Saison kommt sie in neuen Farben heraus. In Asien wird sie heiß geliebt, in China nennt man sie die »French national bag«. Heute besteht sie aus recyceltem Polyamidgewebe, es gibt sie aber auch aus festem Leder (in diesem Fall nicht faltbar) und Lammfell. Die Pliage Energy besteht aus recyceltem Canvas mit ECONYL®-Zertifikat.

LONGCHAMP

Der Entwurf und das Herstellungsverfahren stammen aus Frankreich, und dort werden die Taschen auch angefertigt. Durchschnittlich 50 Arbeitsschritte sind für eine Le Pliage erforderlich. Umschlagklappe und Henkel sind aus Juchtenleder, einem Leder mit charakteristischer Narbung, das jenen in St. Petersburg gegerbten Rentierhäuten nachempfunden ist, die an Bord des Schiffes *Die Frau Metta Catharina* 1786 nach Plymouth gebracht wurden, mitsamt dem Schiff untergingen und 200 Jahre später geborgen wurden.

Die ganz persönliche Tasche: Die Taschenmodelle My Pliage Signature oder My Pliage Club können individuell gestaltet werden, indem man seine Wunschtasche aus einer Vielzahl von Größen, Grifflängen und Farbkombinationen auswählt. Außerdem kann man seine Initialen auf der Tasche anbringen oder in die Umschlagklappe einprägen lassen.

Unter der künstlerischen Leitung von Sophie Delafontaine bringt Longchamp in Zusammenarbeit mit Künstlern und Designern, darunter Jeremy Scott und Mary Katrantzou, Kollektionen mit limitierter Auflage heraus.

Von Le Pliage wurden mittlerweile Millionen Exemplare verkauft. Pro Minute gehen weltweit zehn Exemplare über den Ladentisch.

ROSEAU

Der Verschluss dieser Taschenlinie, der aus einem Bambus nachempfundenen Knebel und einer Lederschlaufe besteht, erinnert an die Verschlüsse der Dufflecoats britischer Seeleute, die auch mit Handschuhen geschlossen werden konnten. Heute umfasst diese Linie außer dem Shopper, der Handtasche und der Bucket auch eine Schultertasche, bei der das Bambus-Ornament nicht als Verschluss dient, sondern den Henkel ziert. Die zeitlosen Taschen sind alltagstauglich, ihre Farben wechseln mit den Jahreszeiten: Es gibt sie u. a. in Granatapfelrot, Kobaltblau, Cognac und Schwarz.

LE FOULONNÉ

Noch schlichter und zeitloser geht gar nicht! Das weiche Kalbsleder mit der charakteristischen Narbung machen Le Foulonné unverwechselbar. Es gibt sie als Umhängetasche und Shopper in zahlreichen Farben, darunter Taubengrau, Karamell, Marineblau, Schwarz und Rot.

ÉPURE

Diese Taschen machen ihrem Namen alle Ehre. Mit ihren klaren Linien passen sie zu jedem Look. Es gibt sie in mehreren Formaten (Bucket, Handtasche, Umhängetasche ...), sie sind alle aus dem von Longchamp gerne verwendeten Juchtenleder und verfügen über einen Druckknopfverschluss. Die Farben? Rosa, Grün, Schwarz, Braun, Kobaltblau oder gestreift. Einige Modelle tanzen aus der Reihe, wie die in limitierter Stückzahl produzierte Bucket-Bag aus Weidengeflecht.

LORO PIANA
EXTREM DISKRETER LUXUS

Gründung: 1924

Die Geschichte: Die aus Trivero im norditalienischen Piemont stammende Familie Loro Piana handelte ab dem frühen 19. Jahrhundert mit Wolle. Im Jahr 1924 gründete Pietro Loro Piana das spätere Familienunternehmen, das an die aufstrebenden Modehäuser hochwertige Wolle und Kaschmir lieferte. In den 1970er-Jahren übernahmen Sergio und Pier Luigi Loro Piana die Leitung und bauten die Marke aus, indem sie das Angebot um weitere Luxusartikel erweiterten, deren Qualität in aller Welt geschätzt wird. Sämtliche Prêt-à-porter- und Accessoires-Kollektionen werden mit hoher handwerklicher Kompetenz in Italien hergestellt.

Wie lässt sich der Stil beschreiben? Die Kreationen sind von dezentem Luxus und hoher Qualität geprägt. Edle Materialien, tadellose Schnitte, zeitloser Stil, leise Farben … Loro Piana ist Luxus pur.

Der Insider-Satz: *»Ich erzähle nie, woher meine Tasche stammt, weil diesem Modehaus Diskretion über alles geht.«*

WER TRÄGT LORO PIANA?

Lily-Rose Depp, Selena Gomez, Gigi Hadid, Angelina Jolie, Karlie Kloss, Gwyneth Paltrow, Rosie Huntington-Whiteley.

GUT ZU WISSEN

Obwohl Loro Piana hochwertige Lederwaren herstellt, ist das Label vor allem für die Verwendung seltener Materialien bekannt: Babykaschmir aus Nordchina und der Mongolei, Vikunjawolle aus den Anden, extrafeine Merinowolle aus Australien und Neuseeland oder Lotusfasern aus Birma.

BALE

Eine ultradezente Tasche mit sanften Rundungen. Der Name (»Ballen«) und das kubistische Design sind von den Säcken inspiriert, in denen Kaschmir gelagert wird. An der Taschenoberseite sind innen mittig zwei gelochte Lederlaschen verborgen, deren Verschluss an Manschettenknöpfe erinnert. Die Tasche Bale verfügt über zwei Henkel und einen abnehmbaren Schultergurt. Der Name Loro Piana ist dezent vorne aufgedruckt. Es gibt die Tasche in mehreren Größen und verschiedenen gedeckten Farben.

EXTRA POCKET

Wie ihr Name schon andeutet, eignet sich die Extra Pocket als Zusatztasche. Sie hat einen abnehmbaren Schultergurt und ist in einer breiten Palette von Farben erhältlich. Es gibt sie in Kalbsleder, Leinen, Straußenleder und Ayersleder. Eine kleine Tasche mit großer Wirkung.

HAPPY DAY

Diese Tasche macht auf Anhieb gute Laune! Mit den Ziernähten unten und um die Henkelansätze wirkt sie wie ein lächelndes Gesicht. Es gibt sie aus Kalbsleder oder aus Baumwolle und Leinen, außerdem in mehreren Größen, darunter auch Micro. Alle Varianten sind mit einem abnehmbaren Schultergurt ausgestattet und auf diese Weise vielfältig tragbar. Weiß, Beige, Nude, Marineblau … all ihre Farben sind dezent neutral.

SESIA

Der Shopper des Hauses! Seine großzügigen Maße machen ihn alltagstauglich, aber auch als Reisetasche eignet er sich gut. Er hat zwei Innentaschen, davon eine mit Reißverschluss, und es gibt ihn aus Kalbsleder oder, in der Sommerversion, aus Baumwolle und Leinen.

LOUIS VUITTON
DAS LOGO IM LEDER

»Denken Sie immer daran, dass alles, was zeitlos ist, ursprünglich einmal völlig neu war.«

Nicolas Ghesquière, Art Director der Damenkollektionen von Louis Vuitton

Mit Sicherheit ist das Markenzeichen des Hauses eines der Logos mit höchstem Wiedererkennungswert. Das Monogramm von Louis Vuitton ist wie ein roter Faden, der sich durch sämtliche Kollektionen zieht. Der ursprünglich als Koffermacher tätige Louis Vuitton hatte Kundschaft aus den höchsten Kreisen, die seine Koffer und Reiseartikel mit dem LV-Monogramm sehr zu schätzen wussten. Doch hätte er wohl nicht zu träumen gewagt, dass das von ihm gegründete Unternehmen sich zu einer weltweit bekannten Marke entwickeln würde. Als Marc Jacobs Art Director des Hauses wurde, begann er sofort mit dem Monogramm zu spielen, bildete es in allen Farben ab und lud Künstler zur Zusammenarbeit an den Kollektionen ein. Auch Nicolas Ghesquière, seit dem Jahr 2013 Art Director der Damenkollektionen, hat It-Bags entworfen, die Kult geworden sind. Die Mode ändert sich, doch das Monogramm bleibt.

7 WICHTIGE JAHRE

1854
Nachdem Louis Vuitton 17 Jahre lang bei einem Pariser Kofferhersteller gearbeitet hat, eröffnet er, ebenfalls in Paris, in der Rue Neuve-des-Capucins Nr. 4, nahe der Place Vendôme, sein eigenes Atelier.

1858
Damit sich die Koffer besser stapeln lassen, erfindet Louis Vuitton den flachen Deckel (ursprünglich war er gewölbt). Auch verzichtet er bei der Kofferherstellung auf schweres Leder und bezieht seine Gepäckstücke mit beschichtetem Segeltuch. Eine kleine Revolution!

1859
Das Unternehmen wächst und zieht nach Asnières-sur-Seine nordwestlich von Paris um. Die Werkstätten, in denen anfänglich 20 Handwerker und Handwerkerinnen arbeiteten, beherbergen heute eine Manufaktur für Sonderanfertigungen. Im benachbarten ehemaligen Wohnhaus der Familie ist ein Privatmuseum untergebracht.

1886
Louis' Sohn Georges erfindet neue Kofferschlösser, die diebstahlsicher sind und deshalb auch heute noch in die Gepäckstücke eingebaut werden. Die folgenden Generationen der Familie widmen sich der Herstellung und Weiterentwicklung französischer Gepäckkultur und machen Louis Vuitton zur weltweit geschätzten Luxusmarke.

01

02

03

04

05

1989
Bernard Arnault übernimmt die Leitung der LVMH-Gruppe.

1997
Marc Jacobs tritt seinen Posten als Verantwortlicher für die Prêt-à-porter-Kollektionen an.

2013
Nicolas Ghesquière folgt Marc Jacobs und wird Art Director der Damenkollektionen.

SCHON GEWUSST?

Markenpiraterie ist kein allzu neues Phänomen! Kaum begann Louis Vuitton mit seinen Artikeln Erfolg zu haben, als auch schon weniger talentierte Handwerker sich seine Kreativität zu eigen machten und versuchten, ihre Produkte unter seinem Namen zu verkaufen. Deshalb entwarf Georges Vuitton, der das Haus nach dem Tod seines Vaters 1892 leitete, das Monogramm-Logo und ließ es sich rechtlich schützen. Das LV ist natürlich eine Hommage an seinen Vater, die Blümchen könnten auf japanische Einflüsse zurückgehen oder aber vom Muster der Kacheln in der heimischen Küche inspiriert sein. So oder so: Georges' Idee war nicht unbedingt von Erfolg gekrönt. In der Folge wurden nun nicht nur die Produkte, sondern auch das Logo kopiert. Und die Kopien erkennt man heute wie damals nur an ihrer minderwertigen Qualität.

UND DAS AUCH?

Louis Vuitton war aus seinem Heimatort im Jura nach Paris gekommen – zu Fuß. Das war 1837, und er war damals 16 Jahre alt. Natürlich legte er die 400 km nicht auf einmal zurück. Er soll zwei Jahre dafür gebraucht haben und unterwegs bei Möbelschreinern gelernt haben. Eine lehrreiche Wanderung, die Früchte trug.

DIE 5 LOUIS-VUITTON-KENNZEICHEN

Die Produkte von Louis Vuitton sind an ihren unverwechselbaren Markenzeichen erkennbar:

01.
Das Monogramm LV
Es prangt überall: auf Taschen, Kleidung, Schmuck und auf Schuhen.

02.
Die Koffer

03.
Die in Kooperation mit Künstlern entstandenen Taschen

04.
Der Verschluss
Einzigartig und unverwechselbar

05.
Braun
Die Farbe des LV-Stoffs

DAS MONOGRAMM ALLÜBERALL

01

Als Marc Jacobs bei Louis Vuitton die Leitung des Hauses übernahm, machte er das Monogramm zum Star. Seine Mission? Louis Vuitton sollte auch in der Modewelt Erfolg haben. Jacobs entwarf sehr minimalistische und zugleich sehr luxuriöse Kleidung. Wohin aber mit dem Monogramm? Seine Lösung: 1999 trugen die Models bei den Modenschauen leuchtend bunte Taschen und Koffer, auf denen das Monogramm prangte. Marc Jacobs gelang es, nicht nur hochwertige und zeitlose Mode zu kreieren. Durch die Zusammenarbeit mit kreativen Kunstschaffenden konnte er Artikel anbieten, die auch einem jüngeren Publikum begehrenswert erschienen.

02

Die erste Kooperation, die für besonderes Aufsehen sorgte, erfolgte 2001 mit dem amerikanischen Designer und Künstler Stephen Sprouse, der eine Graffitiversion des Monogrammstoffs erfand. Puristen mögen entsetzt gewesen sein, doch das Publikum war begeistert, die Taschen wurden sofort zu It-Bags, und das Monogramm wurde noch prominenter. Nach Sprouses Tod 2004 ehrte Jacobs den Künstler, indem er für seine Kollektion dessen 1987 herausgebrachtes Camouflagemuster verwendete.

03

2002 ließ Jacobs dem japanischen Künstler Takashi Murakami freie Hand, woraufhin dieser eine »Pop«-Version des Monogramms entwarf. Murakami dachte sich für die Kollektion Frühjahr/Sommer 2003 ein Muster aus dem LV-Logo in 33 Farben aus. Es war sehr *kawaii* (japanisch für »süß, niedlich«, auch ein ästhetisches Konzept), und alle waren begeistert. Die Zusammenarbeit mit Murakami währte 13 Jahre; aus ihr gingen die Motive »Cherry Blossom« (2003), »Panda« (2004), »Monogramouflage« (2008) und »Cosmic Blossom« (2010) hervor.

DAS MONOGRAMM ALLÜBERALL

04

Außer mit Murakami arbeitete Marc Jacobs auch mit dem für seine Fotocollagen bekannten US-amerikanischen Maler und Fotografen Richard Prince zusammen, einem Vertreter der *Appropriation Art*. Für die Modelle wählte Prince Fotos von nächtlichen Städten und verlieh der Taschenoberfläche ein aquarellähnliches Aussehen, für das er 17 Farben verwendete. Über verwaschen wirkende Versionen des Monogramms druckte er Texte und versah seine Werke mit Details aus Schlangenhaut.

05

2012 hatte die japanische Künstlerin Yayoi Kusama bereits einen Louis-Vuitton-Koffer mit Punkten bemalt. 2023, im Alter von 94 Jahren, arbeitete sie wieder für das Haus und überzog alle Modelle der Kollektion »Infinity Dots« mit ihren berühmten Punkten, die für die Künstlerin eine Ode an die Ewigkeit darstellen. Sie bedecken auch das Monogramm, um zu zeigen, dass es eine ebenso lange Lebensdauer hat wie die runde Form. Mit anderen Worten: nicht nur zeitlos, sondern ewig.

ALMA

1934

1901 entwickelte Louis Vuitton die Tasche Steamer eigens für Transatlantikreisen. Die trapezförmige Tasche enthielt Fächer, die saubere Wäsche von getragener trennten. 1925 bat Coco Chanel um eine Handtaschenversion der Steamer. So entstand die Squire, die 1934 auf den Markt kam. 1955 wurde das Design verfeinert und die Tasche in Champs-Élysées umbenannt, die bald darauf aber wieder von der Squire verdrängt wurde. Ab 1992 erhielt sie den Namen Alma, nach einem Platz – Place de l'Alma – in der Nähe der Avenue Montaigne, der Pariser Geschäftsadresse von Louis Vuitton. Alma ist mit Schlüssel und Vorhängeschloss – alles vergoldet –, mit zwei Toron-Henkeln (zu einer Wulst gerollte handgenähte Henkel) und einem Schlüsseletui aus Leder ausgestattet. Am langen Schulterriemen lässt sie sich auch als Umhängetasche tragen. Wie alle Taschen von Louis Vuitton gibt es Alma aus verschiedenen Materialien, darunter Épi-Leder oder Damier-Leinen. 2010 wurde eine Miniversion vorgestellt, die Alma BB.

NEVERFULL

2007

Der ideale Shopper! Es passt so viel hinein, dass er seinen Namen »Niemals voll« zu Recht trägt. Die vielseitige Tasche kann man auf Reisen ebenso gut mitnehmen wie zur Arbeit, denn ein Laptop findet ohne Weiteres Platz. Die seitlichen Riemen kann man zusammenziehen oder auch nicht. Dieses Modell herzustellen, dauert 45 Stunden. Die zierlich wirkenden Henkel sind durch Doppelnähte verstärkt und können bis zu 90 kg Gewicht tragen, wie schon getestet wurde. Neverfull verfügt über eine Innentasche und ein abnehmbares Täschchen. Es gibt sie in verschiedenen Größen.

LOUIS VUITTON

CAPUCINES

2013

Der Name der von Nicolas Ghesquière entworfenen Tasche spielt auf die Adresse des ersten Geschäfts des Hauses an, das sich in der Rue Neuve-des-Capucines befand (die heute Rue des Capucines heißt). Die Tasche besteht aus 250 Teilen, die in mehreren hundert Arbeitsschritten zusammengesetzt werden. Außerdem finden zwei Lederarten Verwendung: Leder vom Jungbullen und Kalbsleder. Man trägt sie in der Hand oder als Umhängetasche. In knapp zehn Jahren entwickelte sich Capucines zu einem der Klassiker des Hauses.

ONTHEGO

2019

Die Onthego ist stärker strukturiert als die Neverfull. Ihr Monogramm ist so riesig, dass man es als *Monogram Giant* bezeichnet. Die Tasche, die es in drei Größen gibt, eignet sich für den Alltag ebenso wie als Reisebegleiterin. Seit ihrer Einführung ist sie dauerhafter Bestandteil des Sortiments. Die aus der Kooperation mit der Künstlerin Yayoi Kusama hervorgegangene Version der Onthego weist ein normal großes Monogramm auf, über das Kusama ihr typisches Punktmuster gesetzt hat. Es gibt das Modell auch aus genarbtem weichen Leder mit eingeprägtem Monogram Giant. Man kann die Onthego als Henkeltasche oder dank zweier längerer Riemen über der Schulter tragen.

PETITE MALLE

2014

Mit ihrer charakteristischen Form und dem typischen S-Schloss ergänzte Petite Malle (»Kleiner Koffer«) die Outfits von Nicolas Ghesquières erster Schau. Ganz eindeutig ist sie die repräsentativste Tasche des Hauses, erinnert sie doch an die Koffer des Unternehmengründers. Man trägt die Miniaturtasche abends als Clutch oder tagsüber am abnehmbaren Schulterriemen. Die drei kleinen Kreuze auf manchen Modellen der ersten Kollektion sind die Signatur des Reisereporters Albert Kahn, eines berühmten Fotografen der 1920er-Jahre, von dem die Modenschau der Kollektion Herbst/Winter 2014–2015 in weiten Teilen inspiriert war.

DIE KLEINEN KOFFER
UNTERWEGS IN DEN STRASSEN

TRIBUTE PATCHWORK

2007

Eine Best-of-Vuitton-Tasche: Dieses Modell besteht aus 14 verschiedenen Taschen des Hauses, die zerlegt und zu einem neuen Ganzen zusammengefügt wurden. Die Auflage ist auf 29 Exemplare beschränkt. Das komplizierte Design wurde u. a. erdacht, um Markenpiraterie zu verhindern.

L/UNIFORM NÜTZLICHER CHIC

»Meine Taschen sind schlicht und schnörkellos. Ich mag die Vorstellung von einer Tasche, die man lange behalten möchte.«

Jeanne Signoles

Gründung: 2013

Die Geschichte: Jeanne Signoles, die gemeinsam mit ihrem Mann Alex das Label L/Uniform gründete, arbeitete im Finanz- und im Luftfahrtsektor, bevor sie sich der Welt der Mode zuwandte. Beim Packen für den Urlaub begann sie, von durchdachten, puristischen Taschen zu träumen. Von ihrem Atelier im südfranzösischen Carcassonne aus, der Heimat von Alex, bauten sie ihr kleines Unternehmen auf, das mittlerweile ein Geschäft in Paris (Quai Voltaire Nr. 1) und ein weiteres in Tokio (3-1-1-, Marunouchi, Chioda-ku) betreibt.

Wie lässt sich der Stil beschreiben? Extrem schlicht und zeitlos. Solide und schön. Für den Alltag. Die Taschen aus Leinen und Leder bestechen durch ihre Farbkombinationen. Über die Internetseite von L/Uniform kann man seine Tasche personalisieren lassen: Man kann das Leder auswählen und Initialen oder Aufnäher anbringen lassen. Jede Tasche, die L/Uniform herausbringt, hat anstelle eines Namens eine Nummer. »Die Schlichtheit ist die aufgelöste Komplexität«, pflegte der Bildhauer Constantin Brancusi zu sagen. Nichts veranschaulicht diesen Grundsatz besser als die Taschen von L/Uniform.

Der Insider-Satz: *»Das habe ich selbst gemacht!«* Die Leute brauchen ja nicht zu wissen, dass Sie nur die Farben und zwei Buchstaben ausgesucht haben.

GUT ZU WISSEN
L/Uniform stellt nicht nur Taschen und Reiseartikel her, sondern auch Taschen für Gitarren und Tischtennisschläger, Brottaschen und sogar Reisebackgammons.

WER TRÄGT L/UNIFORM?
Alle Menschen, die Schönes ohne Chichi, dezenten Stil und hochwertige Materialien lieben. Die Schultertasche N°43 soll sich ideal für Vorstellungsgespräche eignen.

N°151
SHOPPER

»Freiheit, Stabilität, Leichtigkeit« – so beschreibt L/Uniform seinen Shopper N°151, die Quintessenz des Shoppers im idealen Format (B 38 × T 16 × H 26 cm). Man trägt ihn über dem Arm, über der Schulter oder in der Hand. Der Boden ist herausnehmbar, es gibt eine kleine Innentasche und einen Druckknopf als Verschluss. Die Tasche aus naturfarbenem Leinen lässt sich mit einer von 20 Lederfarben kombinieren. Wie auf alle Taschen von L/Uniform kann man auch hier Initialen anbringen lassen.

N°177
»MINI-SEESACK«

Der an dem Gepäckstück der Seeleute inspirierte »Kleine Seesack« verfügt über fünf Außentaschen für alles, was man rasch zur Hand haben möchte. Auch innen passt viel hinein, es gibt ihn aber auch in größer, als N°77. Er ist aus Leinen und Leder, wird mit einem ledernen Zugriemen geschlossen und kann an seinem Tragriemen über der Schulter oder als Crossbody getragen werden.

N°3
WERKZEUGTASCHE

Hier war das Vorbild die Werkzeugtasche der Klempner und Elektriker.
Die »Werkzeugtasche« N°3 besteht aus Leinen und besitzt zwei lederverstärkte Henkel. Sie hat außen wie innen zahlreiche Täschchen, einen verstärkten Boden und stabile Seiten, die ihre Form behalten. Es gibt sie in Groß und in Klein (N°176), und sie wird als Hand- oder als Umhängetasche getragen. Und natürlich kann man sie auch als Werkzeugtasche verwenden …

N°131
»MINI-ZEITUNGSTASCHE«

Die »Kleine Zeitungstasche« N°131 gehört zur Familie der Einkaufstaschen und ist eine treue Alltagsbegleiterin, die man in der Hand oder über der Schulter trägt. Es gibt sie in zwei Versionen: aus einem aus Baumwolle und Leinen bestehendem Mischgewebe oder aber aus 100% Baumwolle. Sie schließt oben mit einem Druckknopf, innen hat sie eine kleine Tasche. Wie alle von L/Uniform verwendeten Stoffe ist auch das für die N°131 verwendete Material wasser- und schmutzabweisend. Sehr praktisch!

N°182
KLEINE EINKAUFSTASCHE

Wenn die Einkaufstasche zum Blickfang wird: Die »Kleine Einkaufstasche« aus Leinen und Leder begleitet ebenso wie ihr großer (N°96) und ihr kleiner Bruder (N°183) durch die Läden und hilft, Plastik- und Papiermüll zu vermeiden. Sie schließt mit einem Reißverschluss und hat zwei Lederhenkel. Und kommt auch dann gerne mit, wenn kein Shoppen ansteht.

N°43 UMHÄNGETASCHE

Vor einigen Jahren war die Umhängetasche groß in Mode, weil ihre jungen Besitzerinnen und Besitzer gerne auf die Umschlagklappe schrieben oder aber Buttons daran befestigten. Doch leider waren die heiß geliebten Stofftaschen oft formlose Monster. Diese dagegen zeigt Haltung, wird mit zwei Lederlaschen verschlossen und lässt sich an ihrem Riemen auch als Crossbody oder als Rucksack tragen. Als N°23 gibt es sie auch in Groß. Dank Kooperationen mit Mackintosh, Lauren Rubinski und La Fetiche gibt es Kultvarianten. Ob Teenies, Twens, junge Eltern oder Seniorinnen und Senioren: Diese Tasche passt in alle Lebensabschnitte.

N°146
KLEINE CROSSBODY

Die ideale Tasche, um vom Büro schnell ins Bistro zu wechseln: weder zu groß noch zu klein – alles Wichtige findet Platz. Innen verbirgt sich ein lederverstärktes Reißverschlußtäschchen. Auch die Seitenteile und die aufgesetzte Außentasche sind aus Leder.

MAISON MICHEL
STROH ZUM MITNEHMEN

»Ich lasse mich von der Tradition inspirieren und bringe sie auf den neuesten Stand.«

Priscilla Royer, Art Director von Maison Michel

Gründung: 1936

Die Geschichte: 1936 eröffnete Auguste Michel in der Rue Saint-Anne Nr. 65 in Paris seine Hutmacherwerkstatt, deren Leitung er in den 1960er-Jahren an Pierre und Claudine Debard übergab. Pierre war Unternehmer, Claudine Hutmacherin, und gemeinsam leiteten sie die Firma bis 2002. In den 1970er-Jahren wurde die Maison Michel zum Partner der aufstrebenden Pariser Haute Couture. Neben der Zusammenarbeit mit den großen Häusern für Haute Couture und Konfektion lancierte Maison Michel 2006 unter der künstlerischen Leitung von Laetitia Crahay eine eigene Linie. 2015 wurde Priscilla Royer Art Director. Die Taschenkollektion kam 2023 heraus.

Wie lässt sich der Stil beschreiben? Die Taschen werden aus dem Signature-Werkstoff des Hauses hergestellt: aus Stroh, das von Hand geflochten und genäht wird. Zu 100 % natürlicher Chic.

Der Insider-Satz: *»Ich weiß einfach nicht, welche Tasche ich nehmen soll. Ich werde Strohhalme ziehen …«*

WER TRÄGT MAISON MICHEL?
Nicky Hilton, Vanessa Paradis, Rihanna und Emma Watson.

GUT ZU WISSEN
Maison Michel, die Verkörperung anspruchsvoller Handwerkskunst und französischen Luxus, trat 1997 CHANELs Métiers d'Art (eine Vereinigung von Kunsthandwerksateliers, initiiert von CHANEL) bei.

AUDREY

Die von der ikonischen Katzenohren-Baseballkappe der Maison Michel inspirierte Handtasche trägt man als Umhängetasche. In den Gurt ist der Firmenname eingewebt. Es gibt die Strohtasche in Schwarz und in Rosa, sie schließt mit einem Reißverschluss und trägt vorne das vergoldete Monogramm der Maison Michel.

MAISON MICHEL

JUDIE

Die kleine Tasche in Form eines Katzenkopfes hat einen Reißverschluss, einen Schulterriemen aus Leder mit eingeprägtem Logo und ein ebenfalls mit Firmenlogo versehenes Nylonfutter. Es gibt sie in Rosa und naturfarben.

LIZA

Eine bananenförmige Tasche aus rosa Stroh oder naturfarben, mit einer dreireihigen Perlenkette als Schulterriemen: Schicker geht es doch gar nicht!

SHARON

Maison Michel macht auch ganz brave Taschen wie diese Bucket aus weißem oder rosafarbenem Stroh. Man trägt sie in der Hand oder mit dem Riemen, in den der Firmennamen eingeprägt ist, als Umhängetasche. Das Futter besteht aus Nylon und ist mit dem Firmenlogo »Maison Michel« bedruckt, das auch an der Vorderseite der Tasche angebracht ist.

MAISON MICHEL

MARC JACOBS

IKONISCHER HIT · IKONISCHER HIT ·

THE TOTE BAG

Im Laufe seiner Karriere hat Marc Jacobs viele It-Bags entworfen. Einige davon wiesen zuvor noch nie gesehene Formen auf, andere hatten innovative Details … Originell waren sie alle. Die erfolgreichste Tasche des Hauses ist gleichzeitig die schlichteste. Ihr Name The Tote Bag (»Die Tragetasche«) ist auf der Vorderseite angebracht, für den Fall, dass man nicht sofort weiß, was man da vor sich hat. Eine Prise Humor, die viel über den Designer aussagt und mittlerweile zu seinem Markenzeichen geworden ist: Wenn er mit Fendi zusammenarbeitet, braucht er auf die legendäre Handtasche des italienischen Unternehmens nur »The Baguette« zu schreiben, und jeder weiß sofort, dass sie aus einer Marc-Jacobs-Kollektion stammt. Einfach. Und wirksam.

THE
TOTE BAG
MARC JACOBS
CJQ0214A

MICHAEL KORS
LUXUS AUF AMERIKANISCH

»Seit jeher sind Accessoires für mich die Ausrufezeichen des Outfits einer Frau.« **Michael Kors**

Gründung: 1981

Die Geschichte: Der auf Long Island bei New York geborene Michael Kors hat den US-amerikanischen Stil im Blut. Nach seinem Studium am New Yorker Fashion Institute of Technology arbeitete er in einer renommierten Boutique in der 57th Street in Manhattan. 1981 lancierte er seine eigene Linie ultraschicker und gleichzeitig bequemer und alltagstauglicher Kleidung. Schnell stieg er zum König der amerikanischen Luxus-Sportswear und zum Idol des Jetsets auf. Seine Modelle wurden in aller Welt getragen. Schon bald schuf er auch eine Herrenlinie und die Lifestyle-Linie MICHAEL Michael Kors. In den Jahren von 1997 bis 2004 war er Art Director von Celine. Ab 2004 präsentierte er eigene Handtaschen, die zu internationalen It-Bags wurden.

Wie lässt sich der Stil beschreiben? Luxus-Sportswear, aber auch sehr elegante Outfits. Kein Bling-Bling, sogar seine Goldlamékleider wirken nüchtern.

Der Insider-Satz: *»Ich habe Amal Clooney mit einer Tasche von Michael Kors gesehen. Sie ist eine brillante Anwältin und mit George verheiratet, da wählt sie sicher auch die richtige Tasche.«*

GUT ZU WISSEN

Michael hat seit frühester Kindheit ein Gespür für Mode. Mit 5 Jahren riet er seiner Mutter, einem Model, die vor ihrer zweiten Hochzeit stand, die Knoten an ihrem Brautkleid zu entfernen. Sie hörte auf ihn und schnitt sie ab. Michael war also schon immer ein Fan schlichten Stils!

WER TRÄGT MICHAEL KORS?

Michelle Obama (zu ihrem ersten Fototermin als First Lady trat sie in einem Michael-Kors-Outfit an), Jennifer Lopez, Katie Holmes, Kate Hudson, Lily Collins, Kerry Washington.

BANCROFT

2017

Die Idee zur Tasche: *»Eine gute Tasche soll wie eine Jeans sein und mit der Zeit immer besser werden. Bei einem Urlaub auf Korsika sah ich auf einem Markt eine Frau, die einen Korb trug und damit total chic wirkte. Ich wollte eine Tasche schaffen, bei der sich die entspannte Funktionalität eines Einkaufskorbs und urbanes Flair vereinigen, eine elegante Tasche für alle Tage und alle Orte: die Bancroft. Schließlich gibt es nichts Raffinierteres als diskrete Eleganz.«* Diese Ledertasche verkörpert perfekt den Stil von Michael Kors.

MIRANDA

2013

Die Miranda ist für Michael Kors' Kollektionen beispielhaft: raffinierter Glamour aus wertvollen Materialien. 2014 kam Bespoke Miranda heraus, ein Bestellmodell, für das man zwischen 19 Materialien auswählen kann.

AUDREY

2022

Eine echte Bucket, weil man sie wie einen Eimer in der Hand oder über dem Arm trägt. Sie ist aus Leder (mitunter auch aus Leder mit Krokoprägung) und sehr klar gestaltet. Der verstärkte Griff ist mit Wildleder unterfüttert. Die unten an den Henkeln angebrachten Schmuckelemente machen sie unverwechselbar.

CAMPBELL

2022

Die Tasche Campbell ist Luxus pur. Mit Ziegen-Wildleder gefüttert, einem vergoldeten Verschluss und einem geräumigen, mit mehreren Innentaschen ausgestattetem Innenleben steht sie für vollendete Eleganz, was durch die Tragweise in der Hand noch betont wird. Es gibt sie in glattem Kalbsleder in verschiedenen Farben, aber auch in Krokoprägung und in genarbtem Leder. Wer sie für die Spritztour übers Wochenende braucht, kann sie in größerem Format erwerben.

TINA

2023

Die Minaudière Tina ist die perfekte Begleiterin eleganter Abendgarderobe. Sie ist aus Leder (auch mit Krokoprägung) gefertigt, mit Wildleder gefüttert und einer Kette ausgestattet. Der wie ein Kieselstein geformte Verschluss ist das Tüpfelchen auf dem i. Seit 2022 gibt es auch ein Mikroformat. Sie passt zu schicken Kleidern und eleganten Kostümen ebenso wie zum lässigen Jeans-Outfit.

MIU MIU
DIE REBELLIN

»Ich habe kein Vertrauen zu Leuten, die meinen, Kleidung sei nicht wichtig.«

Miuccia Prada

Gründung: 1993

Die Geschichte: Miuccia Prada – als Kind wurde sie Miu Miu gerufen – gründete dieses Label neben ihrer Marke Prada, um sich einen etwas weniger strengen Look erlauben zu können. Und vor allem, um junge Menschen anzusprechen.

Wie lässt sich der Stil beschreiben? Miu Miu jongliert mit den Modecodes. Mikroröcke zu Mokassins und Söckchen, ein sexy Preppy-Look (ein Modetrend, der Schuluniformen mit klassischer Mode mischt), Dessous, die darüber getragen werden … Miuccia entwirft vor allem Kleidungsstücke, die den Eindruck vermitteln, die Mode sei ein Spiel. Und wenn manche Stücke auch mal eher minimalistisch sind, haben sie dennoch etwas Freches an sich, das ihnen eine besondere Ausstrahlung verleiht.

Der Insider-Satz: *»Die Mode ist eine Sprache, die man sofort und von alleine lernt.«* Das hat Miuccia selbst gesagt.

GUT ZU WISSEN

Die Schauspielerin Drew Barrymore wurde anlässlich einer Kampagne 1995 als erste VIP zum Gesicht von Miu Miu.

WER TRÄGT MIU MIU?

Hailey Bieber, Cindy Bruna, Gigi Hadid, Vanessa Hudgens, Dua Lipa, Camila Mendes, Rita Ora – ein großer Fan der Taschen, die 2020 für die Marke als Model arbeitete –, Camille Rowe, Chloé Sevigny und Suki Waterhouse.

WANDER

2022

Diese 2022 lancierte Hobo-Tasche wurde sofort zu einer It-Bag des Hauses. Jedes Jahr wird sie mit neuen Materialien reinterpretiert. Aus Recyclingnylon, Satin, Weidengeflecht, gehäkelt oder aus dem für das Haus typischen gesteppten Leder, ist sie mit vergoldeten Details und stets auch mit dem gut sichtbar angebrachten Logo geschmückt. Es gibt sie in fünf Größen, und man kann sie auch als Umhängetasche tragen. In der Werbekampagne zu ihrer Einführung war die Schauspielerin Sydney Sweeney (bekannt aus den TV-Serien *Euphoria* und *The White Lotus*) ihre Botschafterin. Während der Pariser Fashion Week begegnete man der Tasche an jeder Straßenecke.

ARCADIE

2023

Klassische Form, aber ungewöhnliche Proportionen. Ein Meisterstück, mit dem das Haus punktet. Außer dem gut sichtbaren Logo ist es das in einer speziellen Technik gesteppte Leder, das diese Tasche unverwechselbar macht. Sie wurde bei der Schau Herbst/Winter 2006 vorgestellt. Ihr weiches Leder passt sich an jeden Inhalt an, und das originelle Faltenmuster ist die Frucht hohen handwerklichen Könnens. Arcadie gibt es auch aus glattem Leder mit eingeprägtem Firmenlogo. Auch wenn die junge Miu-Miu-Fangemeinde fröhlich und verspielt ist, wählt sie mitunter dennoch Accessoires von diskreter Eleganz.

POCKET

2023

Die im Frühjahr 2023 neu herausgekommene Pocket hat sich schnell etabliert und ist überall zu sehen. Sie besteht aus Nappaleder, ist mit ihren Außentaschen sehr funtional, wirkt aber, am Arm getragen, dennoch sehr elegant. Sie ist mit vergoldeten Details verziert, das Logo ist hingegen ins Leder eingeprägt.

MOYNAT
FEMININE KOFFER

Gründung: 1849

Die Geschichte: Dies ist eine Pionierinnengeschichte, denn Pauline Moynat war die erste Frau, die Luxuskoffer anfertigte; bis dahin war dies ein rein männliches Handwerk gewesen. Mit 16 Jahren zog die junge Französin von Hochsavoyen nach Paris und eröffnete 1869 ein Geschäft in der Avenue de l'Opéra. Dort stellte sie maßgefertigtes Reisezubehör her, insbesondere Koffer, die sich für die neu aufgekommenen Automobile eigneten, und erfand 1875 den »englischen Koffer« aus mit neuartiger imprägnierter Leinwand überzogenem Weidengeflecht. 1890 kam Pauline auf die Idee, an ihren Koffern eine Innentasche aus rotem Leder für die Reisedokumente anzubringen. 1902 stellte sie den Koffer Limousine vor, dessen aufwärts gewölbter Boden sich gut an die Autokarosserie anpasste. Man konnte ihn farblich auf das eigene Auto abgestimmt bestellen. 1906 präsentierte Pauline den Koffer Roue (»Rad«), in dem sich das Reserverad verstauen ließ. Heute gibt es ihn als Miniversion, die das Ausgeh-Outfit perfekt ergänzt. Die Marke Moynat blieb stets am Puls der Zeit. 2023 brachte sie eine Sonderkollektion für Yogafans heraus, mit Matten- und Wasserflaschenhaltern. Très 21. Jahrhundert!

Wie lässt sich der Stil beschreiben? Hochwertig und durchdacht. Von den Taschenmodellen dieses Hauses gibt es eine bereits seit 1903, was dafür spricht, dass die Kreationen zeitlos sind und nicht aus der Mode kommen. Alle Taschen zeichnen sich durch klare Linienführung aus und sind im Stil des Art déco gehalten.

Der Insider-Satz: *»Ich bitte immer darum, auf meine Tasche meine Initialen aufzubringen. Das Personalisieren wird von Moynat seit 1849 angeboten, und sie wissen wirklich, wie es geht.«*

GUT ZU WISSEN

Der für sein kunstvolles Lettering bekannte Art-déco-Künstler Henri Rapin schuf das Design für den Leinwandstoff La Toile 1920, der mit dem berühmtem Monogramm M bedruckt war, ursprünglich gedacht, um Markenpiraterie zu verhindern. La Toile 1920 ist das Markenzeichen von Moynat.

01

02

03

04

05

01.
Schrankkoffer

02.
Nach der Erfindung des »englischen Koffers«, bei dem das Weidengeflecht mit einem neuartigen wasserabweisenden Leinwandstoff bespannt war, brachte Moynat 1902 den Koffer Limousine mit konkav gewölbtem Boden heraus, der sich gut an die Autokarosserie anpasste.

03.
Werbeanzeige von Moynat in der Illustrierten Le Théâtre, 1900

04.
»Bestehen Sie darauf, dass Ihr Automobil mit einem Moynat-Koffer ausgestattet ist.« Diese Werbung von 1927 preist die Vorteile der ersten seitlich einladbaren Koffer des Hauses.

05.
Pauline Moynat eröffnet 1869 ihr Geschäft in der Avenue de l'Opéra in Paris.

OH ! TOTE RUBAN

Das Vorzeigemodell des Hauses! Dieser Shopper ist mit dem sich unendlich wiederholenden *M*-Monogramm verziert. Zeitlosigkeit in Reinform, denn dieses Monogramm ist über 100 Jahre alt. Es gibt den Shopper in verschiedenen Größen und Farbkombinationen. Henkel und Rand sind aus Leder, das Futter aus einer Baumwoll-Leinen-Mischung. Man kann ihn kostenlos personalisieren lassen, indem man seine Initialen aufmalen lässt und die Farben des mittigen Bands auswählt.

VANITY BOX

Moynat verwandelt seine Reiseartikel gerne in Alltagstaschen, wie z. B. diese kleine Minaudière, die aus dem Leinwandstoff *Toile 1920* besteht. Ebenso wie viele andere Taschen des Hauses kann man sie dank des Schultergurts auf zweierlei Arten tragen.

MOYNAT

LITTLE SUITCASE

Diese kleine Hartschalentasche zeigt die handwerkliche Kunstfertigkeit von Moynat, dessen Ruf auf dem Handwerk des Koffermachens gründet. Mit ihren Lederkanten sieht sie wie ein richtiger kleiner Koffer aus. Man kann sie auch abends dabeihaben, wenn es nicht auf Reisen geht.

Off-White™

BINDER

2016

Die bekannteste Tasche von Off-White, 2016 von Virgil Abloh entworfen. Sie ist eher klassisch, ein witziges Detail ist die vergoldete Dokumentenklammer. Die Tasche besteht aus Leder und ist in zwei Größen erhältlich. Das perfekte Modell auch fürs Büro.

JITNEY

2019

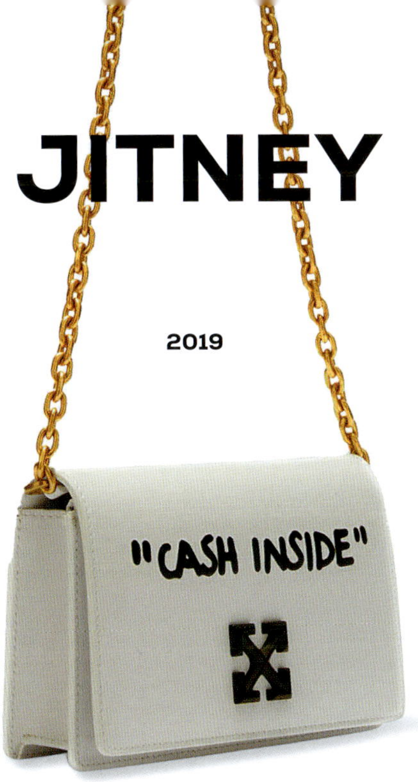

Hier zeigt sich Virgil Ablohs schelmische Art sehr anschaulich: Das zeitlose Taschenmodell in klassisch-eleganter Form wird, mit einer Prise Humor versehen, zum echten Hingucker. *Cash inside* (»Bargeld hier drin«), *Virgil was here*, *Not for sale* (»Nicht zu verkaufen«) … zu dieser Linie zählen auch Taschen ohne Aufschrift, die nur mit dem Markenlogo verziert sind – vier diagonal nach außen zeigende Pfeile, die an das Logo des Flughafens von Glasgow aus den 1960er-Jahren erinnern. Die Jitney gibt es in mehreren Größen, die durch Ziffern gekennzeichnet sind (0.5, 1.4, 2.8). Je nach Format trägt man diese Tasche in der Hand oder als Umhängetasche.

OLYMPIA LE-TAN
DER LITERARISCHE STIL

Gründung: 2009

Die Geschichte: Diese von Olympia Le-Tan und Grégory Bernard erdachten Clutches in Buchform, die sorgfältig von Hand bestickt werden, sorgten auf den roten Teppichen der Welt für Furore. Literaturbegeisterte Stars stürzten sich auf diese Taschen, deren Vorderseiten Reproduktionen berühmter Buchcover darstellen. 2018 verließ Olympia Le-Tan das Unternehmen, das geniale Konzept aber besteht fort. Und es kommen immer weitere Taschen, in Buchcover bekannter Werke, Frontseiten von Zeitschriften oder Gemälde gekleidet, heraus. Wer mit einer der Taschen mit dem Olympia-Le-Tan®-Label ausgeht, weiß, dass es auf der Party genügend Gesprächsstoff geben wird.

Wie lässt sich der Stil beschreiben? Jede Tasche erzählt ihre ganz eigene Geschichte, je nachdem, ob man das Cover von einem Roman von Albert Camus mit sich herumträgt, die Titelseite des *Life*-Magazins, das Cover von *Der große Gatsby* oder auch Picassos *Porträt von Dora Maar*.

Der Insider-Satz: *»Mir gefällt die Vorstellung, dass ein Roman von Proust zu einem Accessoire wird!«*

GUT ZU WISSEN

Sie brauchen nur ein Foto Ihres Lieblingsbuchs, Ihrer Lieblingszeitschrift oder eines Bilds, das für eine wichtige Erinnerung steht, einzuschicken. Wenn das Atelier zusagt, erhalten Sie einige Monate später die damit bestickte Tasche.

WER TRÄGT OLYMPIA LE-TAN?

Cardi B, Poppy Delevingne, die junge North West Kardashian, Katy Perry, Emily Ratajkowski, Emma Roberts, Camille Rowe, Sigourney Weaver, Maria-Olympia von Griechenland (auf dem Foto links mit dem Ergebnis ihrer Zusammenarbeit mit dem Unternehmen).

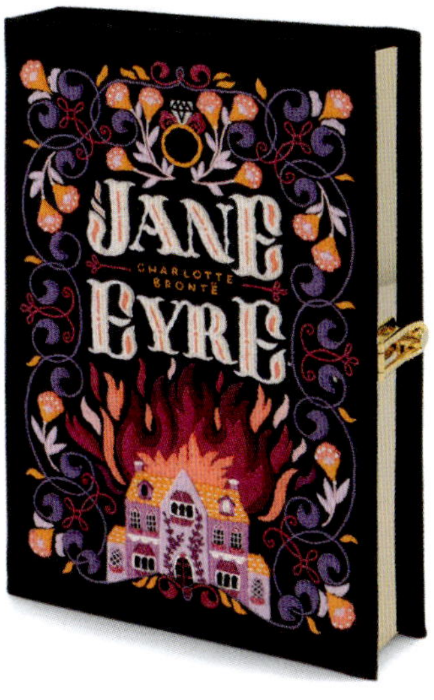

Von *Jane Eyre* bis zu *Die Pest*, vom Picasso-Porträt bis zur Capri-Ansicht – diese Clutches sagen einiges aus über die Person aus, die sie trägt.

OLYMPIA LE-TAN

PATOU
FRÖHLICHE FRISCHE

»Eleganz, Schönheit, Kunst und Fantasie – das sind die einzigen vier Etiketten, die ich an meine Kollektionen hänge.« **Jean Patou**

Gründung: 1914

Die Geschichte: Jean Patou gründete sein gleichnamiges Unternehmen während des Ersten Weltkriegs, in den er auch eingezogen wurde. Nach seiner Rückkehr von der Front nahm er seine Arbeit wieder auf. Sein Ziel war es, die Frauen von den Zwängen ihrer Kleidung zu befreien. Er brachte Kleider auf den Markt, die ohne Korsett getragen wurden, kürzte die Röcke und lancierte eine sportlich-schicke, stadttaugliche Linie. Joséphine Baker und Suzanne Lenglen zählten zu seiner Käuferschaft. Nach Patous Tod im Alter von 48 Jahren übernahmen seine Schwester Madeleine und deren Ehemann Raymond Barbas das Unternehmen. Eine Reihe von Designern, darunter Marc Bohan und Christian Lacroix, wechselten sich in der künstlerischen Leitung ab. 2018 wurde die Marke unter der Leitung von Guillaume Henry wiederbelebt, der schon für Carven und Nina Ricci gearbeitet hatte.

Wie lässt sich der Stil beschreiben? Guillaume Henry hat dem sehr pariserischen Haus wieder Frische verliehen. Typisch sind fröhlich Farben und eher kurze Kleider und Röcke – und sehr viel Humor.

Der Insider-Satz: *»Ich sehe diese Patou-Taschen überall!«*

WER TRÄGT PATOU?
Priyanka Chopra, Olivia Culpo, Selena Gomez, Dakota Johnson, Florence Pugh, Camille Razat, Zoe Saldana und Taylor Swift sowie sämtliche Pariser Influencerinnen und Influencer, die gerade in sind.

GUT ZU WISSEN
Die Taschen werden aus Leder gefertigt, das aus Lagerüberschüssen stammt. Also sehr nachhaltig und zeitgemäß!

LE PATOU

Die Handtasche trägt alle Merkmale des Hauses. Die Umschlagklappe der halbmondförmigen Tasche ist so geschnitten, dass sie das Monogramm *JP* nachbildet. Die vergoldeten Metalldetails erinnern an eine Brosche, die Jean Patou einst herausgebracht hatte. Tragen lässt sich Le Patou in der Hand, über der Schulter oder als Crossbody. Innen verfügt die Tasche über mehrere Fächer, der Magnetverschluss mit dem vergoldeten JP-Logo ist bei geschlossener Tasche unsichtbar. Normalerweise wird Le Patou aus upgecyceltem Leder gefertigt, aber es sind auch Versionen aus recycelter Baumwolle erhältlich. Die Auflagen in den einzelnen Farben sind nummeriert und limitiert. Es gibt auch noch eine kleinere Version dieses Modells: Le Petit Patou.

PATOU

MADE IN SPAIN
PATOU
PATOU

PAT

PIERRE HARDY
DER GRAFISCHE KÜNSTLER

»Die Mode ist eine angewandte Kunst.« **Pierre Hardy**

Gründung: 1999

Die Geschichte: Der in Paris geborene Pierre Hardy konnte sich nicht zwischen seinen beiden Leidenschaften Malerei und Tanz entscheiden. Er studierte an der Pariser Hochschule École normale supérieure de Cachan Bildende Kunst und trat parallel dazu einer Kompanie für zeitgenössischen Tanz bei. Seine ersten beruflichen Schritte in der Modebranche machte er mit Illustrationen für Zeitschriften. Die Qualität seiner Skizzen führten ihn zu Christian Dior, für den er Schuhe entwarf. Im Jahr 1990 wechselte er zu Hermès und kreierte Damenschuhkollektionen. Seine eigene Schuhmarke gründete er 1999, ab 2006 folgten Taschenkollektionen. So trat er in den Reigen der Modeschöpfer ein.

Wie lässt sich der Stil beschreiben? Sehr grafisch und *arty*, mit überraschenden Farbkombinationen und puristischer Linienführung.

Der Insider-Satz: *»Anstatt eines neuen Gemäldes kaufe ich mir lieber eine Tasche von Pierre Hardy. Der visuelle Genuss ist derselbe, aber eine Tasche ist außerdem auch noch nützlich.«*

GUT ZU WISSEN

Mit der umweltbewussten Kollektion »Pierre Hardy Planet« trat das Unternehmen in das Zeitalter der Nachhaltigkeit ein. Die Modelle sind aus überschüssigen Materialbeständen gefertigt.

WER TRÄGT PIERRE HARDY?
Diane Kruger, Michelle Obama, Sarah Jessica Parker, Taylor Swift.

PIERRE HARDY

ALPHA

2006

Das ist die Tasche von Pierre Hardy, mit der er 2006 die Präsentation seiner Taschenkollektion startete. Alphas besondere Kennzeichen: Sie ist puristisch mit sanft geschwungenen Linien, die durch den dunklen Besatz unterstrichen werden. Die große Umschlagklappe wird mit einer breiten Lasche geschlossen und bildet quasi ein Logo für sich. Man kann die Tasche über der Schulter oder in der Hand tragen. Überwiegend wird sie aus Kalbsvelours gefertigt, und zwar in einer Manufaktur in Casablanca, in der rund 40 bestens ausgebildete Fachleute arbeiten. Das Leder aber kommt aus Italien.

ALPHA DAY MISS

2023

Etwas kurviger ist diese Neuauflage mit der charakteristischen Alpha-Lasche. Oben hat sie einen Reißverschluss, und es gibt sie in drei Größen. Man trägt sie am abnehmbaren Tragriemen oder aber am Henkel über der Schulter.

CUBE BOX

2012

Das Muster »Cube Perspective« ist auf beschichtetes Leinen gedruckt und seit seinem ersten Auftritt 2008 das Hauptmotiv des Hauses. Vor allem sieht man es auf der Unisex-Tasche Cube Box, die am Gürtel oder als Umhängetasche getragen wird. Der Stoff wird in Italien gewebt und bedruckt. In jeder Saison kommt eine Cube Box in neuer Farbkombination heraus – passend zu den jeweils angesagten Farben.

PIERRE HARDY

BULLES

2015

Diese Tasche könnte es beinahe mit den Werken von Victor Vasarely, einem französischen Maler und Grafiker ungarischer Abstammung, aufnehmen. Allerdings wirkt der Kontrast zwischen den großen, bunten Scheiben und dem stets beigen Hintergrund wesentlich nüchterner – ganz besonders bei der Ton-in-Ton-Version. Der Gesamteindruck ist stets sehr grafisch. Es gibt die Bulles als Bucket und als Shopper. Das innen eingearbeitete Täschchen besteht aus Baumwoll-Twill.

PRADA
INTELLIGENTES UNDERSTATEMENT

»Mir ist es wichtig vorauszusehen, wo die Mode hinstrebt.« **Miuccia Prada**

Prada ist das philosophischste unter den Modelabeln. Miuccia Pradas Kreationen erzählen von der Emanzipation der Frau und deren Rolle in der Gesellschaft. Und die Modeschöpferin versteht es, die komplizierte Beziehung zwischen den Konzepten von Weiblichkeit und Feminismus in Mode umzusetzen. Selbstvertrauen und Freiheit des Ausdrucks sind zwei Konstanten ihres kreativen Vokabulars. Wenn man an Prada denkt, denkt man an klare Linienführung, doch finden sich in den Kollektionen immer wieder überraschende Silhouetten, ungewöhnliche Drucke, aparte Mischungen aus Kitsch und Vintage. Miuccia Prada hat Spaß daran, die 1950er- und 1960er-Jahre mit Zukünftigem zu kombinieren, was ihren Kreationen etwas Avantgardistisches und Visionäres verleiht. Alles wirkt sehr durchdacht und intellektuell angehaucht, gerade richtig für Fashionistas auf Sinnsuche. Abgerundet werden Miuccias Modeideen von Anklängen an zeitgenössische Kunst und Film. Auch sucht sie laufend nach innovativen Materialien. Eines davon ist Re-Nylon aus recyceltem Meeresplastik. Ganz im Geist unserer Zeit.

7 WICHTIGE JAHRE

1913
Mario und Martino Prada eröffnen in der Mailänder Galleria Vittorio Emanuele II das Geschäft Fratelli Prada, in dem sie luxuriöse Taschen und Reiseartikel aus Leder verkaufen. Ihre Nachfolgerin ist Marios Tochter Luisa, die das Unternehmen knapp 20 Jahre lang leiten wird.

1977
Marios Enkelin Miuccia übernimmt die künstlerische Leitung von Prada. Ihr zur Seite steht der Geschäftsmann Patrizio Bertelli, ihr späterer Ehemann.

1979
Miuccia präsentiert die ersten Handtaschen aus wasserfestem Nylon. Als Material verwendet sie Pocono, ein zu einem seidenähnlichen Gewebe verarbeitetes Nylon. 1984 wird der ikonische Rucksack lanciert, 1985 kommt der Shopper auf den Markt.

1988
Erste Prêt-à-porter-Kollektion für Damen.

2001
Prada eröffnet in New York sein erstes, von Rem Koolhaas entworfenes Epicenter.

2015
Gründung der Stiftung Fondazione Prada in Mailand, die zahlreiche künstlerische und kulturelle Ereignisse veranstaltet.

2020
Der belgische Designer Raf Simons wird zum künstlerischen Co-Kreativdirektor der Prada-Kollektionen ernannt.

01

02

03

DIE 5 PRADA-KENNZEICHEN

01.
Nylon

02.
Die Farbe Acqua (zartes Grün)

03.
Das dreieckige Logo
Erstmals von Mario Prada 1913 verwendet, als Zeichen handwerklicher Qualitätsware.

04.
Die kreativen Gegensätze
Z. B. der maskulin wirkende Businessmantel aus Stoff mit sehr femininem Druck.

05.
Die Galleria Vittorio Emanuele II in Mailand

04

SCHON GEWUSST?

Miuccia Prada promovierte an der Mailänder Universität in Politikwissenschaften.

UND DAS AUCH?

Aus Pocono, dem von Miuccia Prada für ihre ersten Taschenkollektionen verwendete Nylongewebe, wurden im Zweiten Weltkrieg Fallschirme und Zelte für das Militär hergestellt.

05

PRADA MOON

2000

Diese aus 92 Teilen bestehende Handtasche wird in etwas mehr als einem Arbeitstag hergestellt. Ihre »Hobo« genannte Form erinnert an eine Umhängetasche, durch die Henkel aber wird sie zur klassischen Handtasche. Ihre Metalldetails erhöhen den Wiedererkennungswert: die große zentrale Schnalle und die vom Segelsport entlehnten Ösen. 2023 wurde Prada Moon überarbeitet und in neuen Farben herausgebracht, die charakteristischen Metallelemente aber blieben. Für die neue Version wird das Leder so behandelt, dass es wie gepolstert aussieht, was die Tasche noch leichter wirken lässt. Der abnehmbare Schlüsselanhänger hat die Farbe der Tasche.

PRADA
Re-Edition
2002

PRADA
PRADA
Re-Edition
2002

PRADA
PRADA
Re-Edition
2002

PRADA
PRADA
Re-Edition
2002

PRADA GALLERIA

2007

Die ikonische Prada-Tasche schlechthin, die Jahr für Jahr neu erfunden wird. 2007 kam sie in Saffiano-Leder heraus, das sehr widerstandsfähig gegen Sonnenlicht und Wasser ist und das sich Mario Prada einst hatte patentieren lassen. Das Ergebnis ist eine praktische, leicht zu reinigende Tasche.

Die schlicht gehaltene Prada Galleria spielt mit ihren geraden Linien und runden Henkeln auf Klassiker der Vergangenheit an. Innen ist sie in drei parallele Fächer aufgeteilt, von denen zwei mit einem Reißverschluss versehen sind. Während die Silhouette immer dieselbe bleibt, ist die Oberfläche stetem Wandel unterworfen: Wechselnde Lederarten und Farben, Stickereien, sichtbare Nähte, Farbkombinationen – alle Variationen, originelle und sogar exzentrische, sind möglich. Es gibt die Prada Galleria in vier Größen, und dank des abnehmbaren Schultergurts kann sie auf zweierlei Art getragen werden: als Henkel- oder als Umhängetasche.

PRADA CAHIER

2016

Mit dieser Tasche spazieren zu gehen ist, als hätte man ein altes Buch dabei. Die Metallrahmen und -ecken erinnern an antike Folianten, und das Saffiano-Leder lässt an steife Buchdeckel denken. Die Prada Cahier ist weniger minimalistisch als andere Prada-Taschen. Die Lasche steckt man vorne durch eine Metallspange, der Schulterriemen ist mit auffälligen Metallelementen verziert. Anstelle des Dreiecklogos findet sich vorne auf der Lasche der ausgeschriebene Firmenname.

PRADA
MILANO

PRADA
MILANO

PRADA
MILANO

PRADA RE-NYLON

2019

Es war zu erwarten: Prada, ein Unternehmen, das ständig nach Innovationen Ausschau hält und immer mit der Zeit geht, würde sich niemals auf seinem Nylon ausruhen. Und deshalb entstand, ganz im Sinne der Nachhaltigkeit, die Kollektion Prada Re-Nylon. Das Gewebe der Tasche besteht vollständig aus recyceltem Nylon, das von aus den Meeren gefischtem Plastik stammt, sowie aus wiederverwerteten Fischernetzen und Textilfaserabfällen. Es ist also zu 100 % nachhaltig und umweltfreundlich.

Alles begann 2019 mit einer Sonderkollektion von sechs ikonischen Taschen des Hauses. 2020 wurde dieses Sortiment erweitert, und aus Re-Nylon wurden zwei neue Stoffe hergestellt: das feine, aber widerstandsfähige und glänzende Nylon-Gabardine, das auf Seidenwebstühlen gewebt wird, und das Nylon Piuma (»Feder«), das unglaublich fein und leicht ist und sich ähnlich wie Seide anfühlt. Beide Gewebe tragen mittlerweile das Label Re-Nylon. Nach und nach wurde die Palette der Prada-Modelle aus Re-Nylon immer weiter ausgebaut und umfasst nun Rucksäcke, Umhänge- und Handtaschen.

PRADA
Re-Edition
2005

PRADA CLEO

2021

Die von Prada-Taschen der 1990er-Jahren inspirierte Prada Cleo gründet auf dem traditionellen Täschner-Handwerk, ist aber gleichzeitig ultramodern. Der gerundete Boden und die sanft geschwungenen Seiten sind so gestaltet, dass sie sich an den Körper schmiegen. Es gibt die Prada Cleo in gebürstetem Kalbsleder und in kristallbesetztem Satin. Vorne prangt das dreieckige Logo. Es gibt eine Version mit Umschlagklappe und eine andere ohne, die oben mit einem Reißverschluss versehen ist. In zeitlosem Schwarz oder Weiß ist sie ebenso erhältlich wie in sanften Farben, etwa Orchid Blush (Rosa), Pale Pink (Blassrosa) und Acqua (zartes Grün), die Signature-Farbe von Prada.

PRADA TOTE IN NAPPA-ANTIKLEDER

2023

Dieser Shopper mit einer Reißverschluss-Innentasche ist von einem 2001 erstmals vorgestellten Modell inspiriert. Die Version Frühjahr/Sommer 2023 besteht aus Nappa-Antikleder, eine der historischen Ledersorten der Marke, das auf besondere Weise behandelt wird. Die »zerknitterte« Oberfläche der Tasche entsteht durch die Verbindung des Leders mit einem Gewebe, das Metallfäden enthält. Anschließend wird das Leder von Hand »geknautscht«, und sodann wieder gespannt. Diese Lederart wurde bereits 2009 verwendet.

RABANNE EWIG MODERN

»Die einzige Möglichkeit, in der Mode Grenzen zu überschreiten, besteht darin, neue Materialien zu finden.« **Paco Rabanne**

Gründung: um 1960

Die Geschichte: Der aus Spanien stammende Paco Rabanne studierte an der Pariser École des Beaux-Arts Architektur. In den 1960er-Jahren gründete er sein gleichnamiges Unternehmen und erregte durch die Verwendung von in der Mode ungewöhnlicher Materialien wie Metall, Plastik oder Papier bald Aufsehen. 1966 stellte er seine erste Kollektion mit dem Titel »Zwölf nicht tragbare Kleider aus zeitgenössischen Materialien« vor: visionäre Modelle aus Pailletten, Metallringen und Rhodoidplättchen. Auch später verwendete er ungewöhnliche Werkstoffe. 2000 zog er sich aus der Haute Couture zurück, machte aber bis 2009 mit Prêt-à-porter-Mode weiter. Auf ihn folgten als Art Directors Rosemary Rodriguez und Patrick Robinson, bis Julien Dossena 2013 das Haus auf immer modernere Wege führte. Paco Rabanne starb im Februar 2023. Noch im selben Jahr wurde die Marke in Rabanne umbenannt.

Wie lässt sich der Stil beschreiben? Futuristische Materialien, sexy Silhouetten, körpernah und aus Mesh (Textilnetzgewebe) oder Jersey, stets mit auffälligen Metalldetails versehen.

Der Insider-Satz: *»Eine brillante junge Frau kann nur Rabanne tragen.«*

GUT ZU WISSEN

Weil Paco Rabanne für seine Kreationen viel Metall verwendete, nannte man ihn auch den »Metallurgen der Mode«.

WER TRÄGT RABANNE?

Als Paco Rabanne selbst aktiv war: Brigitte Bardot, Françoise Hardy, Audrey Hepburn und Jane Fonda. Heute zählen zu seiner »metallisierten« Kundschaft Beyoncé, Amal Clooney, Elle Fanning, Katy Perry und Emily Ratajkowski.

ROGER VIVIER
ESPRIT DER COUTURE

»Es erscheint mir wichtig, eine Vorstellung von Freude und Spontaneität weiterzugeben, die mir am Herzen liegt und die auch für Roger Vivier relevant war.«

Gherardo Felloni, Art Director von Roger Vivier

Gründung: 1937

Die Geschichte: Roger Vivier war ein echter Künstler, der die Kunst in die Welt der Schuhmode holte. 1937 eröffnete er sein erstes Atelier in der Rue Royale in Paris. Er verlieh den Frauen buchstäblich Größe, als er 1954 den Stilettoabsatz erfand. Die auffällige Schnalle, mit der er seine Kreationen schmückte, ist sein Markenzeichen. Mit seinem Tod 1998 verschwand die Marke Roger Vivier von der Bildfläche. 2003 wurde das Haus wiederbelebt, als Bruno Frisoni die künstlerische Leitung und Ines de la Fressange die Rolle als multifunktionale Muse übernahm. Nun traten auch die Handtaschen auf den Plan. 2007 stellte Roger Vivier als erstes Accessoire-Label eine Haute-Couture-Kollektion vor. 2018 übergab Bruno Frisoni die künstlerische Leitung an Gherardo Felloni.

Wie lässt sich der Stil beschreiben? Chic, sehr chic, überaus chic. Wer die Kreationen von Roger Vivier trägt, ist auf raffinierte Weise elegant, aber auch ein kleines bisschen exzentrisch.

Der Insider-Satz: *»Meine Roger-Vivier-Tasche? Das ist die gleiche, die auch Julia Roberts hat!«*

WER TRÄGT ROGER VIVIER?

Zu den Zeiten, als Roger Vivier Mode machte: Joséphine Baker, Marlene Dietrich und Catherine Deneuve. Seit der Renaissance des Hauses zählen zum Kundenstamm Jessica Chastain, Penélope Cruz, Nicole Kidman, Lucy Liu, Rihanna, Julia Roberts, Sharon Stone, Kate Winslet … und immer noch Catherine Deneuve.

GUT ZU WISSEN
Roger Viviers Kundschaft kam zum Teil aus höchsten Kreisen: Für die Krönung von Elisabeth II. im Juni 1953 entwarf er für die junge Königin goldene Schuhe mit rubinverzierten Absätzen.

ROGER VIVIER

VIV'CHOC

Mit der charakteristischen rechteckigen Schnalle mit abgerundeten Ecken wurde die Viv'Choch rasch zur ikonischen Tasche des Hauses. Aus Leder ist dieses Modell alltagstauglich, aus weniger gebräuchlichen Materialien wie Taft, Geflecht oder Bast sorgt sie für Aufsehen. Auf der Rückseite hat sie eine flache Außentasche mit Aufdruck des Firmennamens. Es gibt sie in mehreren Größen und in einer Vielzahl von Farben. Um sie in eine Clutch zu verwandeln, nimmt man einfach den Schulterriemen ab.

VIV'CHOC UNIKATE

Die Couture-Version der Viv'Choc: 17 außergewöhnliche Abendtäschchen für eine sehr exklusive Käuferschaft. Eine Kollektion, die von höchster Täschnerkunst zeugt. Jede der von Hand gefertigten und verzierten Taschen ist mit bis zu 13 000 Perlen oder Strasssteinchen besetzt, die einzeln aufgebracht wurden. Fachleute in den italienischen Ateliers vollbrachten diese Leistung gemeinsam mit Kolleginnen und Kollegen aus anderen Handwerksbranchen, darunter dem Pariser Federdesigner Éric Charles-Donatien.

VIV' CABAS

Diese Tasche besticht durch elegante Schlichtheit. Ihr einziger Schmuck ist die mit der typischen Schnalle versehene Umschlagklappe. Man trägt sie in der Hand oder mit dem (abnehmbaren) Gurt als Umhängetasche. Viv' Cabas gibt es aus Leder, in Standardfarben wie Schwarz, Beige oder Karamell sowie aus vielen anderen Materialien. Sie kann sich aber auch mit einer glitzernden Bouquet-Strass-Schnalle schmücken.

SCHIAPARELLI
MUT ZUM SURREALISMUS

»Das Entwerfen von Kleidern ist für mich kein Beruf, sondern eine Kunst.« **Elsa Schiaparelli**

Gründung: 1927

Die Geschichte: Die gebürtige Römerin Elsa Schiaparelli ist eine der ersten Modeschöpferinnen, die es wagten, mit der Mode zu spielen. Ohne Ausbildung zur Schneiderin entwarf sie, was sie wollte und wie sie es wollte. Sie war mit zahlreichen Künstlerinnen und Künstlern befreundet, darunter Jean Cocteau, Man Ray und Salvador Dalí, berühmte Vertreter des Surrealismus. Auch bei ihrer Arbeit war der Surrealismus stets gegenwärtig. Schiaparelli wagte viele Neuerungen, angefangen von der Verwendung elastischer Wollstoffe bis hin zu den Vertriebswegen: Als eines der ersten Modehäuser vergab ihres Lizenzen für Unterwäsche und Brillen. Kurz vor Beginn des Zweiten Weltkriegs führte sie Camouflagedrucke in die Haute Couture ein. Überdimensionaler Schmuck und die Farbe Rose Shocking sind ihr Markenzeichen. 1954 schloß Elsa ihr Couture-Haus und schrieb ihre Autobiografie *Shocking Life*. 1973 starb sie. Das Haus Schiaparelli wurde 2006 von Diego Della Valle aufgekauft, dem Besitzer von Tod's. Nachdem die künstlerische Leitung mehrmals wechselte, ist heute Daniel Roseberry Art Director von Schiaparelli. Wie Elsa experimentiert er gerne mit Stoffen und Materialien. Und Humor hat er auch.

Wie lässt sich der Stil beschreiben? Surrealistisch. Und er regt zum Nachdenken an. Für Elsa Schiaparelli war Mode eine Kunst. Daniel Roseberry folgt ihren Spuren.

Der Insider-Satz: *»Wenn man ein Näschen für die Mode hat, trägt man eine Schiaparelli-Tasche.«*

WER TRÄGT SCHIAPARELLI?
Adele, Beyoncé, Bella Hadid, Maya Hawke, Kylie Jenner, Anya Taylor-Joy, Kim Kardashian, Lady Gaga und Margot Robbie.

GUT ZU WISSEN
Das Gebäude Hôtel de Fontpertuis an der Place Vendôme Nr. 21 in Paris war 1935 Sitz des Modehauses Schiaparelli. 2012 zog die Firma abermals dort ein.

SCHIAPARELLI

SECRET

Als die erste Handtasche des Hauses entworfen wurde, drängte sich das Schloss als Verschluss förmlich auf, denn es zählte von Anfang an zu den zentralen Symbolen von Schiaparelli. Man sieht es in Form von Knöpfen, Schmuck oder an Taschen. Hier deutet das vergoldete Schloss an, dass die Tasche Wertvolles enthält … oder dass man etwas zu verbergen hat. Die Tasche Secret ist eine Weiterentwicklung der allerersten Schiaparelli-Handtasche, bei der das Schloss nicht mittig angebracht war. Es gibt sie in mehreren Versionen: Secret Empreintes, Secret Bijoux, Secret Duchesse und Secret Croquis. Sie besteht aus Leder oder Denim und ist in mehreren Größen erhältlich. Man trägt die Tasche in der Hand oder über der Schulter. Das Futter ist aus Wildleder und sticht durch seine auffällige Farbe Rose Shocking ins Auge. Das Schiaparelli-typische Schloss ziert auch eine Weekender-Variante.

SCHIAPARELLI

ANATOMIE

Mit dieser Tasche wird man sich niemals alleine fühlen! Sie hat auf Vorder- und Rückseite Augen, eine Nase und einen Mund und erinnert daran, dass Elsa Schiaparelli ein großer Fan des Surrealismus war. Anatomie gibt es aus Leder und auch aus Denim, und man trägt sie in der Hand oder an ihrer Kette über der Schulter. Anatomie Empreintes ist eine Variante, die mit Handabdrücken aus Blattgold verziert ist. Das Innenfutter leuchtet in Rose Shocking.

NEZ

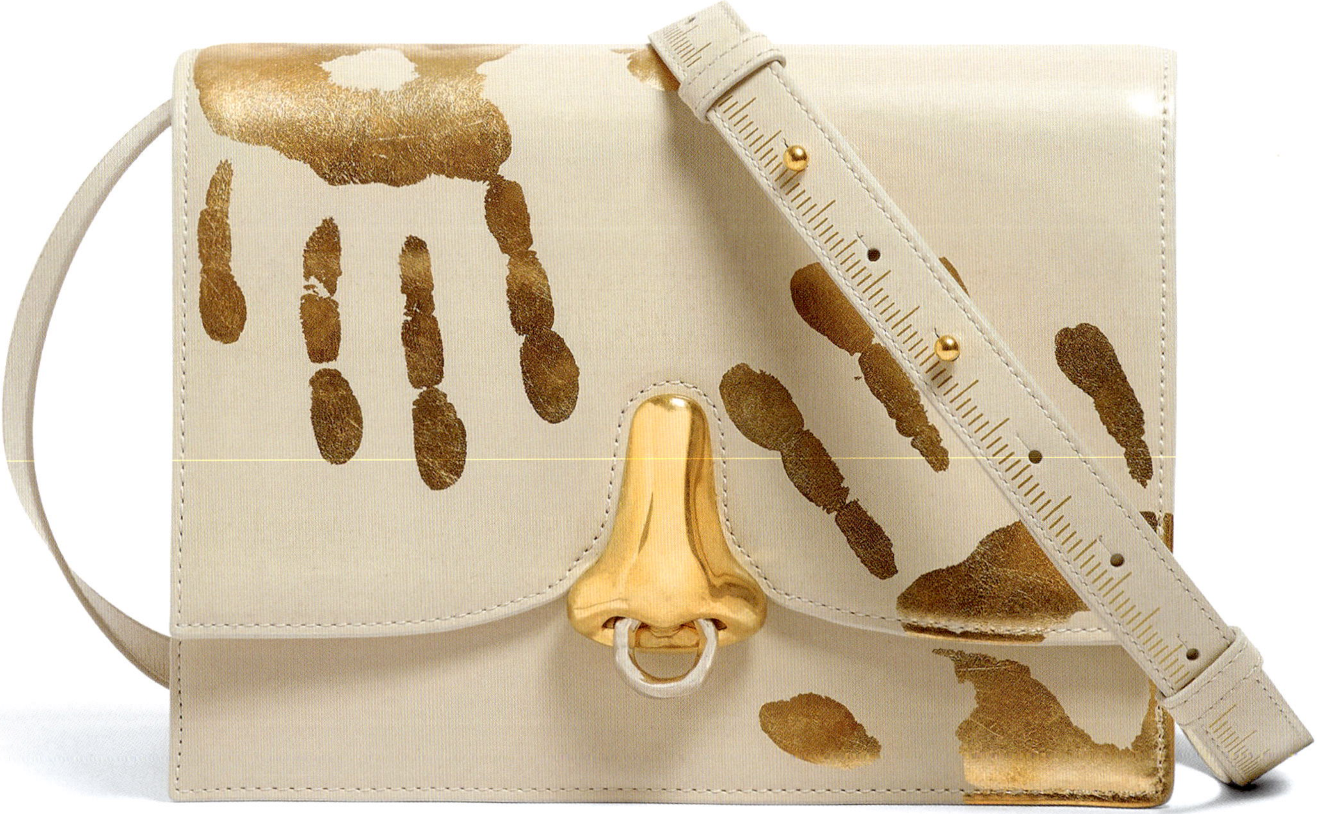

Auch diese Tasche verströmt den Geist des Surrealismus. Die Nase dient mit ihrem Piercing als Verschluss (er ist magnetisch). Nez (»Nase«) besteht aus Leder oder Denim und wird als Clutch oder an einer vergoldeten Kette über der Schulter getragen. Es gibt sie in drei Größen. Das Format Trotteur ist mit einem Schulterriemen aus Leder ausgestattet.

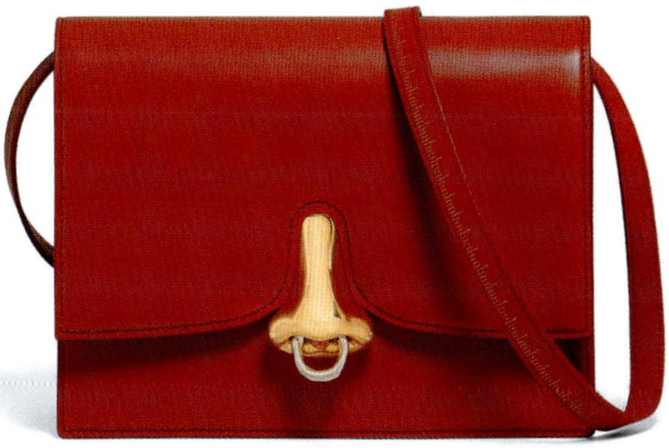

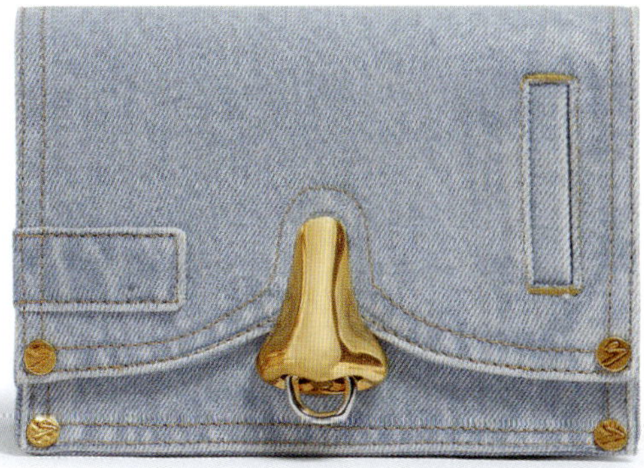

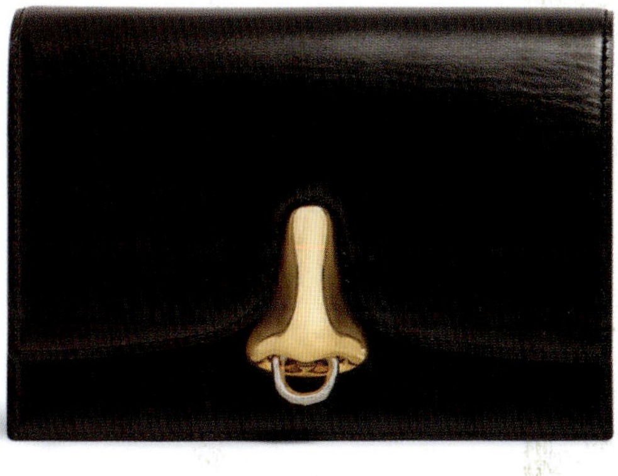

SOEUR
FEINSINNIGE SCHLICHTHEIT

»Ich will, dass sich alle, die sich bei uns einkleiden, verstanden und geschätzt fühlen.« **Domitille Brion, Art Director von Soeur**

Gründung: 2008

Die Geschichte: Soeur (»Schwester«) wurde von zwei Schwestern gegründet, Domitille und Angélique Brion, die ihre Prêt-à-porter-Linie gemeinsam lancierten. Anfangs machten sie Mode für junge Mädchen, doch als sie merkten, dass die Modelle den Müttern, die ihre Töchter beim Einkaufen begleiteten, ebenfalls gefielen, erweiterten sie die Größenauswahl. Heute kleidet Soeur alle Generationen ein. Für die Taschen ließen sich die beiden Schwestern Kombinationen aus schönen Materialien und praktischen Größen einfallen, die zu treuen Alltagsbegleiterinnen werden können.

Wie lässt sich der Stil beschreiben? Schlichtheit, aufgepeppt durch ungewöhnliche Maße oder markante Details. *»Ich habe keine bestimmte Frau im Kopf«*, erklärt Domitille. *»Ich weiß nur, dass sie es schlicht mag, aktiv und frei ist, anmutig und sexy. Maskulin, feminin, authentisch, bunt … Ich liebe es, Gegensätze zusammenzubringen!«*

Der Insider-Satz: *»Ich habe mich schon bei Soeur eingekleidet, als sie nur Teenagermode machten.«*

WER TRÄGT SOEUR?

Ines de la Fressange, Sandrine Kiberlain, Suzanne Lindon, Violette und Nine d'Urso … Soeur ist die inoffizielle Lieblingsmarke der echten Pariserinnen.

GUT ZU WISSEN

Die künstlerische Leiterin Domitille Brion hat eine fundierte Ausbildung: Bevor sie mit ihrer Schwester Soeur gründete, arbeitete sie bei Bonpoint (zwölf Jahre), Bonton, Lacoste und Petit Bateau.

SOEUR

SAUL

Die Bucket-Tasche in ihrer reinsten Form, doch wie immer bei Soeur mit einer kleinen Abweichung in den Proportionen, die sie einzigartig macht. Saul ist aus weichem schwarzen oder braunem Leder, und es gibt die Tasche auch im Mini-Format.

SUZON

Diese kleine Handtasche aus weichem Lammleder trägt man am Henkel über der Schulter. Es gibt sie in Orange, Grün und Braun und demnächst auch in Gelb. In Paris liebt man sie, deshalb kann man sie oft nur über eine Warteliste kaufen.

SOEUR

STELLA MCCARTNEY

IKONISCHER HIT · IKONISCHER HIT ·

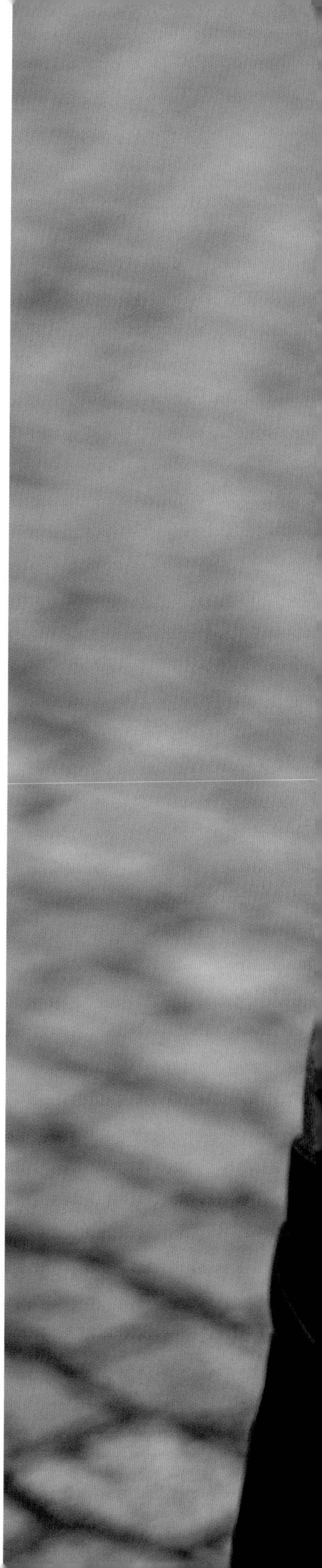

FALABELLA

Dies hier ist die vielversprechendste Alternative zu Taschen aus tierischem Leder. Schon seit Beginn ihrer Karriere entwirft Stella McCartney Taschen aus pflanzlich gegerbtem Leder oder aus anderen nachhaltigen Materialien. 2010 brachte sie die Tasche Falabella heraus, die zur Ikone des Hauses wurde. Seit 2023 verwendet die Modeschöpferin MIRUM®, ein plastikfreies Material aus Pflanzen, das durch ein bestimmtes Produktionsverfahren lederähnlich wird. Falabella ist auch die erste Tasche ihrer Art, die zu 100% recycelbar ist: Man kann sie ohne Schäden für die Umwelt in Form von Kompost an die Natur zurückgeben. Eine echte Innovation, die die Mode revolutionieren könnte.

TOD'S
LUXUS AUF ITALIENISCH

»Hinter jeder attraktiven, nützlichen und bequem zu tragenden Tasche von Tod's steht dieser italienische Esprit, dieser italienische Traum.«

Diego Della Valle, PDG de Tod's

Gründung: 1978

Die Geschichte: Im frühen 20. Jahrhundert gründete Filippo Della Valle eine kleine Schuhmacherwerkstatt. Er baute sein Geschäft immer weiter aus und gab sein Wissen an seine Kinder weiter. Stil und Qualität definieren auch heute noch das Label. In den 1970er-Jahren machte Gründerenkel Diego die Marke international bekannt und erweiterte das Sortiment; die Produktion aber blieb handwerklich. 1978 entwarf Diego den berühmten Mokassin »Gommino« mit biegsamer Ledersohle und Noppen an Sohle und Ferse, der auf gewaltige Resonanz stieß. Nun war die Marke Tod's weltbekannt. Ab 1997 stellte das Haus auch Taschen her. Nach der Ausweitung auf Prêt-à-porter-Mode 2006 wechselten sich mehrere Art Directors in der Gestaltung der Kollektionen ab: Derek Lam, Alessandra Facchinetti, Walter Chiapponi und seit 2023 Matteo Tamburini.

Wie lässt sich der Stil beschreiben? Tod's wurzelt in einer Tradition der Eleganz und des guten Geschmacks mit einer Prise lässigem Chic.

Der Insider-Satz: *»Mit einer Tasche von Tod's kann man nichts falsch machen, diese Taschen sehen aus, als hätte es sie schon immer gegeben.«*

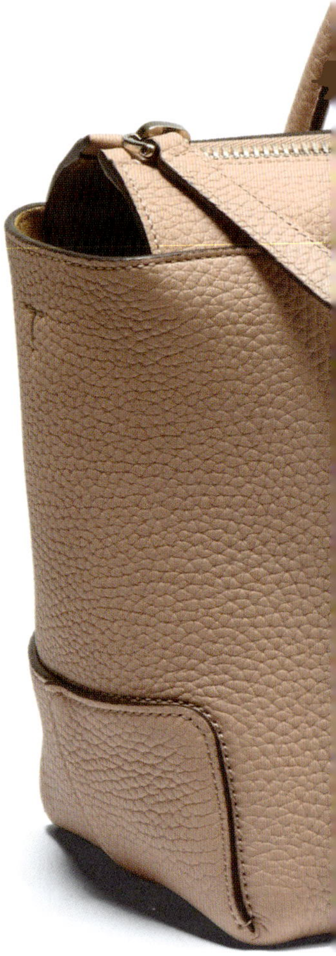

WER TRÄGT TOD'S?

Cate Blanchett, Naomi Campbell, Charlotte Casiraghi, Lily Collins, Chiara Ferragni, Anne Hathaway, Katie Holmes, Nicole Kidman, Diane Kruger, Kate Middleton, Olivia Palermo, Naomi Watts und natürlich seinerzeit Lady Diana.

GUT ZU WISSEN

Mode kann dazu beitragen, Kultur zu erhalten. Die Tod's-Gruppe, die auch Eigentümerin der Marken Roger Vivier, Hogan, Fay und Schiaparelli ist, hat die Renovierung des Kolosseums in Rom finanziert.

TOD'S DI BAG

1997

Dies ist eindeutig die charakteristischste Tasche von Tod's. Sie ist nach Prinzessin Diana benannt, die sie gerne und oft trug. Der elegante, zeitlose Stil und die raffinierten Details sprechen viele Modebewusste an, die eine Tasche mit dezentem Luxus suchen. Ihre besonderen Kennzeichen? Die Mittelnaht und die rund genähten, in Mandelform auslaufenden Henkel sowie die handbemalten Kanten. Verschlossen wird die Tasche durch einen Reißverschluss mit langer Lederlasche.

Die für die Fertigung der Di Bag notwendigen Techniken stammen aus dem Sattlerhandwerk. Das Zuschneiden des Leders, das Nähen und das Finishing jeder Tasche werden mit größter Sorgfalt ausgeführt. Die Di Bag gibt es in verschiedenen Größen, sie ist mit einem abnehm- und verstellbaren Schulterriemen ausgestattet, und je nach Saison wechseln die Farben.

VALEXTRA
EIN STATEMENT FÜR ELEGANZ

Valextra ist das Erschaffen von Schönheit.

Gründung: 1937

Die Geschichte: Sie beginnt in Mailand mit dem Firmengründer Giovanni Fontana, dem es gelang, seine Vorstellungen und Visionen kreativ umzusetzen. Er wollte »Objekte der Begierde« in tadelloser Qualität und mit sinnvoller Funktionalität herstellen. Um den Alltag der Menschen besser beobachten und damit vorhersagen zu können, was sie brauchen und sich wünschen, ließ er in seiner Werkstatt bodentiefe Fenster einbauen. Angefangen von der 1968 entworfenen Tric Trac, die lässig über dem Handgelenk getragen wird, bis hin zur Handtasche Iside künden alle Entwürfe dieses Hauses von großem handwerklichen Können und Mut zur Innovation.

Wie lässt sich der Stil beschreiben? Urban, elegant und raffiniert. Valextra-Kreationen wirken stets sehr dezent, klar und puristisch und bestehen aus einem speziell behandelten Leder, das auf den ersten Blick erkennbar ist. Eine von allen, die Luxus lieben, sehr geschätzte Marke.

Der Insider-Satz: *»Weniger ist mehr, aber (Val)extra ist besser.«*

SCHON GEWUSST?

Das narbige Millepunte-Leder ist das charakteristische Element einer Valextra-Kreation. Eine spezielle Behandlung des Leders bewirkt, dass auf der Oberfläche (tausend) winzige Punkte (»Millepunte«) erscheinen, die das Produkt besonders chic aussehen lassen, es aber auch widerstandsfähiger machen – das perfekte Leder für den Alltag.

WER TRÄGT VALEXTRA?

In den 1940er- bis 1970er-Jahren sah man Handtaschen und Reiseartikel von Valextra bei VIPs wie Grace Kelly, Aristoteles und Jacqueline Onassis oder Maria Callas. Heute tragen diese Taschen ohne Schnickschnack Jennifer Aniston, Charlotte Casiraghi (die Enkelin von Grace Kelly), Elle Fanning, Olivia Palermo, Emmy Rossum und Reese Witherspoon.

VALEXTRA

ISIDE

2011

Die Signature-Tasche des Hauses, die es schafft, schlicht und raffiniert zugleich zu sein. Sie passt zu Jeans oder einem eleganten Kleid, zu Shorts oder formellem Hosenanzug und veredelt jedes Outfit. Die klaren Linien wirken beinahe architektonisch. Dank Henkel und Schultergurt kann man sie auf zweierlei Art tragen: in der Hand oder als Umhängetasche. Es gibt sie in vielen, aber ausschließlich für Valextra geschaffenen Farben und sogar mehrfarbig, im Colorblock-Look, oder bestickt. Darüber hinaus ist sie in fünf Größen erhältlich: die Medium für tagsüber (denn es passt viel hinein), die Mini für den Aperitif (diese Version fasst nur Handy und Portemonnaie), die Mikro, um tanzen zu gehen, die Clutch mit goldener Kette, die an festlichen Abenden begleitet, und die kleine Gürteltasche, die immer dann passt, wenn man die Hände frei haben will. Der Verschluss ist meist vergoldet, mitunter auch im Farbton der Tasche gehalten, oder er fällt durch eine Kontrastfarbe auf. Die von Hand schwarz lackierten Kanten zeugen von diskretem Luxus. Die Nummer auf jeder Tasche verrät, wer im Atelier sie geschaffen hat. Und das verleiht ihr fast eine Seele.

OTHILIA

2021

Sanftere Linien und Ziernähte passen gut zum Bohème-Flair dieses Labels. Othilia hat zwei Innenfächer und eine doppelte Umschlagklappe. Verschlossen wird sie mit einem Druckknopf, der hinter dem mit Firmenlogo versehenen und mit Lederriemen geschmücktem rundem Metallornament verborgen ist. Mit einem verstellbaren Riemen ausgestattet, kann man die Tasche über der Schulter oder als Crossbody tragen. Es gibt sie aus Glatt- oder Nubukleder und in Naturfarben.

VANESSA BRUNO

ZADIG & VOLTAIRE
LÄSSIGER CHIC

»Zadig & Voltaire sind der Inbegriff unangestrengten Luxus, der sich irgendwo zwischen Respektlosigkeit und Eleganz bewegt.«

Cecilia Bönström, Art Director von Zadig & Voltaire

Gründung: 2013

Die Geschichte: Nachdem Thierry Gillier in der Modebranche Erfahrungen gesammelt hatte, gründete er die Prêt-à-porter-Marke Zadig & Voltaire, die aus hochwertigen Materialien Kleidung herstellt, die am Stil von Rockstars wie Elvis Presley und Mick Jagger orientiert ist und dazu passende Motive wie Totenschädel oder Engel verwendet. Ab 2006 war Cecilia Bönström künstlerische Leiterin des Labels und bereicherte es durch ihren androgynen, gleichzeitig schicken und lässigen Stil. Anfang 2024 übernahm Unternehmensgründer Thierry Gillier den Posten des Kreativdirektors. Zadig & Voltaires ausgefallener Modestil kommt auch international gut an, und das Unternehmen besitzt Geschäfte in aller Welt. Das Label ist ebenso erfolgreich wie die Rockkultur, von der es inspiriert ist.

Wie lässt sich der Stil beschreiben? Rockig, chic, zeitlos, mit einem Hauch Lässigkeit und Nonchalance. Zadig & Voltaire tragen bedeutet, cool zu sein.

Der Insider-Satz: *»Ich habe mir die Pochette Rock mit vergoldeter Kette geholt, die sieht weniger rockig aus, wenn man in die Oper geht.«*

GUT ZU WISSEN

Die Tasche Kate, die in keiner Kollektion fehlt, wurde 2019 von dem Topmodel Kate Moss in Zusammenarbeit mit Cecilia Bönström entworfen.

WER TRÄGT ZADIG & VOLTAIRE?

Priyanka Chopra, Gigi Hadid, Katie Holmes, Jessica Jung, Heidi Klum, Kate Moss, Sarah Jessica Parker, Florence Pugh, Freida Pinto, Taeyeon und Taylor Swift.

POCHETTE ROCK

Diese Pochette verkörpert das Rock-Feeling, für das dieses Label steht. Sie ist mit zwei abnehmbaren, lederdurchflochtenen Metallketten ausgestattet, und die in ihrer gesamten Länge mit Reißverschluss versehene Umschlagklappe schließt die Tasche mit einem Magnetverschluss. An der Rückseite gibt es eine Reißverschlusstasche, auch an eine Innentasche wurde gedacht. Das Flügelmotiv vorne variiert je nach Material und Farbe der jeweiligen Tasche und dient als Logo. Die Pochette Rock kann aus gestepptem oder genarbtem Leder, aus Leder mit Schlangenprägung oder Nieten, aus gestepptem Wildleder oder aus Samt und auch mit Perlen besetzt sein. Man trägt sie in der Hand, über der Schulter oder als Crossbody. Die Farbauswahl ist sehr groß, wenngleich Purismus-Fans der Ansicht ist, eine Pochette von Zadig & Voltaire müsse schwarz sein.

GANNI

TAUSEND DANK AN ...

Catherine Roig, Autorin und lange Jahre geniale Chefredakteurin der Zeitschrift *ELLE*. Der Verlag E/P/A suchte jemanden, der ein Buch über Taschen schreiben sollte, sie hat sich an mich und meine Handtaschensucht erinnert und dem Verlag von mir erzählt. Ich danke außerdem Catherine Saunier-Talec, Generaldirektorin der Abteilung Hachette Livre, dafür, dass sie auf Catherine Roig gehört hat.

Boris Guilbert, dem Lektor dieses Buchs, für seine britische Gelassenheit, die für die Arbeit an einem Buch wie diesem unerlässlich ist.

Laurence Lehoux, der bewiesen hat, dass ein 480 Seiten starkes Buch gut und gerne zwei Lektoren brauchen kann.

Marie Laure Miranda, deren gute Laune, Professionalität und Schweizer Gründlichkeit wesentlich zur Entstehung dieses Buchs beigetragen haben.

Françoise Mathay, verantwortlich für die Bildrecherche, die nichts dem Zufall überlässt und sehr klare Anweisungen mailt. Ihre Luxemburger Sorgfalt passt gut zu meinen Schweizer Wurzeln.

ZeroZero, das Team für künstlerische Gestaltung, das aus der Nacht herangaloppiert kam und sich mit Schwung ins Abenteuer stürzte.

Ines de la Fressange für ihr wundervolles Vorwort, das sie mitten im Sommer schrieb (mit einer Tasche von Soeur als Strandtasche). Und die mich jeden Tag aufs Neue inspiriert.

Aramis und Vadim, meine wunderbaren Söhne, die miterlebten, wie ich rund um die Uhr an diesem Buch arbeitete, und schließlich begannen, sich an den Recherchen zu den historischen Marken zu beteiligen, damit wir Zeit miteinander verbringen konnten.

Sienna, meine zauberhafte Tochter, die ebenso »taschensüchtig« ist wie ich und mich auf Marken hinwies, die ich nicht übersehen durfte.

Stan, mein liebenswerter und außergewöhnlicher Jüngster, der geduldig, verständnisvoll und ermutigend war. Und die Gelegenheit nutzte, um Abenteuer am Meer zu erleben.

Pascale und Bertrand, die ihrem Enkel den Monat Juli retteten. Wegen meiner Arbeit an diesem Buch sah es schon so aus, als müsse er von morgens bis abends in der »Animal-Crossing«-Welt leben (Dank an die Switch von Nintendo). Doch seine Großeltern ermöglichten es ihm, dass er die echte Sonne sehen konnte, das echte Meer und seine echten Cousins.

Meine Mama, dafür, dass sie mir die »Tascheritis« vererbt hat, diese Sucht nach Taschen, die tatsächlich sehr spannend und erfüllend sein kann.

Nathalie Pavlovsky für ihr Talent, Menschen miteinander in Beziehungen zu bringen.

Emmanuelle Walle für ihre außergewöhnliche Effizienz.

Nora Bordjah für ihre guten Ratschläge. Und den herrlichen Schmuck, den sie anfertigt.

Virginie Mouzat dafür, dass sie mir das Prinzip der Achtsamkeit nahegebracht hat und so vieles andere ...

Marie-Pierre Dupont, die *Grande Dame* der Presse, die mir die Rubrik »Accessoires et importants« der Schweizer Zeitschrift *Femina* anvertraute, als ich noch Studentin war.

Und an all die Teams der in diesem Buch vorgestellten Marken, die sich mitunter sogar im Urlaub Zeit genommen haben, unsere dringlichen E-Mails zu beantworten. Ihre Unterstützung in allen Entstehungsphasen dieses Buch war von unschätzbarem Wert.

Ebenfalls tausend Dank an all meine, überwiegend digitalen, Quellen:
www.lefigaro.fr/www.lemonde.fr
www.admagazine.fr/www.marieclaire.fr
www.elle.fr/www.fashionnetwork.com
www.thesocialitefamily.com/www.vogue.fr
www.harpersbazaar.com/www.vogue.com
www.wwd.com/www.businessoffashion.com
www.youtube.com

Und an die literarischen:
Un siècle de mode,
Catherine Örmen, Larousse, 2018.
The Fashion Design Directory,
Marnie Fogg, Thames & Hudson, 2011.
Tout sur la mode. Panorama des mouvements et des chefs-d'œuvre, sous la direction de Marnie Fogg, Flammarion, 2013.
Luxe et Mode. Grandes et Petites Histoires,
Gérard Nicaud, Michel de Maule, 2023.
Les plus grands créateurs de mode. De Coco Chanel à Jean Paul Gaultier, Noël Palomo-Lovinsky, Eyrolles, 2015.
Fashion Game Book. Histoire de la mode du 20e siècle, Florence Müller, Assouline, 2008.
Fashion Quotes. Stylish Wit & Catwalk Wisdom,
Patrick Mauriès et Jean-Christophe Napias, Thames & Hudson, 2016.

Natürlich waren alle Websites der Marken wichtige Informationsquellen:
www.acnestudios.com
www.alexandermcqueen.com
www.amiparis.com
eu.anyahindmarch.com / www.apc.fr
www.armani.com/www.balenciaga.com
www.balmain.com/www.bottegaveneta.com
www.bulgari.com/www.carel.fr
www.celine.com/www.chanel.com
www.chloe.com/ www.christianlouboutin.com
fr.coach.com/coperniparis.com
destree.com/eu.delvaux.com / www.dior.com
www.dolcegabbana.com/www.fendi.com eu.ferragamo.com/fleuron.paris
grafparis.com/gerarddarel.com
www.givenchy.com/www.gucci.com
www.hermes.com/www.hervechapelier.com
inesdelafressange.fr/www.isabelmarant.com
www.isseymiyake.com/www.jacquemus.com
www.jerome-dreyfuss.com/jimmychoo.com judithleiber.com/www.jwanderson.com
lancel.com/www.loewe.com
www.longchamp.com/fr.louisvuitton.com
luniform.com / michel-paris.com
www.marcjacobs.com/www.michaelkors.fr
www.miumiu.com/www.moynat.com
www.off---white.com/olympialetan.com
www.patou.com/pierrehardy.com
www.prada.com/www.pacorabanne.com
www.rogervivier.com/rsvp-paris.com
www.ysl.com/www.schiaparelli.com
www.soeur.fr/www.stellamccartney.com
www.tods.com/www.valextra.com
www.vanessabruno.fr

Falls manche Angaben nicht mehr zutreffen, bitte ich das zu entschuldigen und den Verlag für spätere Neuauflagen auf die Fehler hinzuweisen.

BILDNACHWEIS

Der Verlag dankt allen Modehäusern, Fotografen oder ihren Agenturen für die wertvolle Hilfe. Wir haben uns bemüht, die Rechte an den verwendeten Fotos korrekt ihren rechtmäßigen Inhabern zuzuordnen. Sollte es trotz aller Sorgfalt zu Fehlern oder Auslassungen gekommen sein, bitten wir dies zu entschuldigen und uns für spätere Neuauflagen auf diese hinzuweisen.

P. 6, 8: © Christian Vierig / Getty Images Entertainment via Getty Images.
ACNE STUDIOS (S. 10–15): © Acne Studios.
ALAÏA (S. 16–19): © Alaïa, 2023, außer S. 16: © Andrew Lamb / Catwalking via Getty Images.
ALEXANDER MCQUEEN (S. 20–25): © Alexander McQueen, 2023.
AMI PARIS (S. 26–29): © AMI, außer S. 26: © AMI, Courtesy of Michael Bailey Gates.
ANYA HINDMARCH (S. 30–35): © Anya Hindmarch, 2023.
A.P.C. (S. 36–43): © A.P.C. 2023, außer S. 36: © Estrop / Getty Images Entertainment via Getty Images.
BALENCIAGA (S. 44–51): © Balenciaga, 2023.
BALMAIN (S. 52–69): S. 52, 53 Abb. 03 und 05: © Stephane Cardinale / Corbis Entertainment via Getty Images; Abb. 01: © Peter White / Getty Images Entertainment via Getty images; Abb. 02: © Dominique Charriau / WireImage via Getty Images; Abb. 04: Kollektion »Le Mans« und Gepäck mit Monogramm, Pierre Balmain Haute Couture, Frühjahr-Sommer 1971 © Patrimoine Balmain, DR.
BOTTEGA VENETA (S. 70–71): © Pietro D'Aprano / Getty Images Entertainment via Getty Images.
BULGARI (S. 72–77): © Bulgari, 2023.
CAREL (S. 78–83): © Carel Paris.
CELINE (S. 84–85): © Streetstyleshooters / German Select via Getty Images.
CHANEL (S. 86–107): © CHANEL, außer S. 86: Foto Mike de Dulmen © DR; S. 87 Abb. 02: © Alix Marnat für CHANEL.
CHLOÉ (S. 108–119): © Chloé, außer S. 119: © Victor Virgile / Gamma-Rapho via Getty Images.
CHRISTIAN LOUBOUTIN (S. 120–123): © Christian Louboutin, 2023.
COACH (S. 124–125): © Gilbert Carrasquillo / GC Images via Getty Images.
COPERNI (S. 126–131): © Coperni, 2023.
DELVAUX (S. 132–139): © Delvaux, 2023.
DESTREE (S. 140–143): © Destree, 2023.
DIOR (S. 144–167): S. 144: Rechte vorbehalten; S. 145: © Granville, musée Christian-Dior/D.R. (01) und (02); © Association Willy Maywald/ADAGP, Paris, 2023 (03) und (04); © Granville, musée Christian-Dior/Benoît Croisy (05); S. 146: Rechte vorbehalten; © Dior Focus/Ivan Vandel; S. 147: © Dior Focus/Ivan Vandel; Rechte vorbehalten; © Lido/Sipa; S. 148: © Pol Baril; S. 149: © Keystone-France/Gamma Rapho; © Paris, Dior Héritage; © Laura Sciacovelli (Model: Patrycja Piekarska); S. 150: © Dior; S. 151: © Dior; © Guy Marineau; S. 152: © New York Daily News/Getty Images; © Tim Graham Picture Library/Getty Images; S. 153: © Tim Graham Picture Library/Getty Images; S. 154–155 © Pol Baril; S. 156 (von links nach rechts und von oben nach unten): © Anastasia Prahova / Foto © Gleb Vinogradov; © Olympia Scarry / Foto © Ivan Vandel; © Ruyi Zhang / Foto © Likai; © Wen Fang / Foto © Ivan Vandel; S. 157 (von links nach rechts und von oben nach unten): © Limited Edition in Zusammenarbeit mit Hilary Pecis; © Limited Edition in Zusammenarbeit mit Mariko Mori; © Limited Edition in Zusammenarbeit mit Judy Chicago; © Limited Edition in Zusammenarbeit mit Michaela Yearwood-Dan; © Limited Edition in Zusammenarbeit mit Gilbert & George; © Limited Edition in Zusammenarbeit mit Brian Calvin; © Limited Edition in Zusammenarbeit mit Minjung Kim; © Limited Edition in Zusammenarbeit mit Françoise Petrovitch; S. 158: © Dior; S. 159: © Dior; © Guy Marineau; S. 160–162: © Dior; S. 163: © Dior (Model: Hedvig Palm); S. 164: © Dior; S. 165: © Dior; © Ricardo Ramos (Model: Marsella Rea); S. 166: © Dior; S. 167: © Dior; © Morgan O'Donovan (Models, von links nach rechts: Aleksandra Racic, Hiandra Martinez, Marie Zuelsdorf).
DOLCE & GABBANA (S. 168–169): © Pietro D'Aprano / Getty Images Entertainment via Getty Images.
FENDI (S. 170–189): © Fendi, 2023, außer S. 170 und S. 171 Abb. 02: © Daniele Venturelli / WireImage via Getty Images; S. 171 Abb. 01: © Victor Boyko / Getty Images Entertainment via Getty Images; Abb. 04: © Christian Vierig / Getty Images Entertainment via Getty Images; S. 177 oben: © MEGA / GC Images via Getty Images; unten: © Taylor Hill / Getty Images Entertainment via Getty Images.
FERRAGAMO (S. 190–191): © Streetstyleshooters / German Select via Getty Images.
FLEURON (S. 192–195): © Fleuron.paris, 2023.
FRANÇOIS-JOSEPH GRAF (S. 196–201): © Julio Piatti für **FRANÇOIS-JOSEPH GRAF PARIS**, außer S. 196, 200 und 201 © Chloé Gassian für François-Joseph Graf Paris.
GERARD DAREL (S. 202–207): © Gérard Darel, 2023.
Giorgio Armani (S. 208–213): © Courtesy of Giorgio Armani, außer S. 208: © ADV Giorgio Armani Wear AW19 – Dominique Issermann; S. 212–213: © Courtesy of Giorgio Armani, Federica Bottoli and Caos18.
GIVENCHY (S. 214–221): © Givenchy, außer S. 214: © Stephane Cardinale / Corbis Entertainment via Getty Images.
GUCCI (S. 222–231): © Gucci, außer S. 230 oben für Jackie Kennedy-Onassis: © Fairchild Archive via Getty Images; S. 231 für Samuel Beckett 1972 © Farabola / Bridgeman.
HERMÈS (S. 232–253): S. 232: © Victor VIRGILE / Gamma-Rapho via Getty Images; S. 233: Abb. 01 © Nacho Alegre; Abb. 02 Gaspar J. Ruiz Lindberg © Hermès 2023; Abb. 03 und Abb. 05; © Studio des Fleurs © Hermès 2023; Abb. 04 © Quentin Bertoux; unten, Guy Lucas de Peslouan © Hermès 2023; S. 234–236: Studio des Fleurs © Hermès 2023; S. 237 oben: Studio des Fleurs © Hermès 2023, Mitte und unten: © Edward Berthelot / Getty Images Entertainment via Getty Images; S. 238: © Edward Berthelot / Getty Images Entertainment via Getty Images außer Mitte und links: © Jeremy Moeller / Getty Images Entertainment via Getty Images; S. 239 oben: © Edward Berthelot / Getty Images Entertainment via Getty Images; unten: © Victor Virgile / Gamma-Rapho via Getty Images; S. 240 oben: © Bettmann via Getty Images; unten: Grace Kelly in Kalifornien 1956 © Allan Grant/The LIFE Picture Collection/Shutterstock; S. 241 oben: © Evening Standard / Hulton Royals Collection via Getty Images; unten: © Popperfoto via Getty Images; S. 242–245: Studio des Fleurs © Hermès 2023; S. 246 oben: © Edward Berthelot / Getty Images Entertainment via Getty Images; Mitte: © Edward Berthelot / Getty Images Entertainment via Getty Images; unten: © Gaspar Ruiz Lindberg; S. 247 oben: © Streetstyleshooters / German Select via Getty Images; Mitte: © Jeremy Moeller / Getty Images Entertainment via Getty Images; unten: © Victor Virgile / Gamma-Rapho via Getty Images; S. 248–251: Studio des Fleurs © Hermès 2023; S. 252–253: © Maxime Verret
HERVÉ CHAPELIER (S. 254–257): © Hervé Chapelier, 2023, außer S. 254: © Mika Inoue, 2023.
INES DE LA FRESSANGE (S. 258–259): © Romain Boé für Inès de La Fressange.
ISABEL MARANT (S. 260–269): © Isabel Marant, 2023.
ISSEY MIYAKE (S. 270–271): © Streetstyleshooters / German Select via Getty Images.
JACQUEMUS (S. 272–277): © Jacquemus, 2023, außer S. 276–277: © Arnold Jerocki / French Select via Getty Images.
JÉRÔME DREYFUSS (S. 278–287): © Jérôme Dreyfuss, außer S. 278: Art Direction & Photo: @germainchauveau.
JIMMY CHOO (S. 288–295): © Courtesy of Jimmy Choo, außer S. 288: © Karwai Tang / Getty Images Entertainment via Getty Images.
JUDITH LEIBER (S. 296–297): © Jon Kopaloff / FilmMagic via Getty Images.
JW ANDERSON (S. 298–305): © JW Anderson, 2023.
LANCEL (S. 306–309): © Lancel, 2023, außer S. 306: © Keystone-France / Gamma-Keystone via Getty Images.
LOEWE (S. 310–319): © Loewe, 2023, außer S. 310: © Victor Virgile / Gamma-Rapho via Getty Images.
LONGCHAMP (S. 320–325): S. 320: © Jeremy Moeller / Getty Images Entertainment via Getty Images; S. 321–323: © Longchamp; S. 324–325: © Gary Schermann für Longchamp.
LORO PIANA (S. 326–331): © Loro Piana.
LOUIS VUITTON (S. 332–351): © Louis Vuitton Malletier, außer, S. 332 © PVDE / Bridgeman Images; S. 333 Abb. 01: © Peter White / Getty Images Entertainment via Getty Images; Abb. 03: © Marc Piasecki / WireImage via Getty Images; Abb. 04: Foto © Christie's Images / Bridgeman Images; S. 334 © Pierre Vauthey / Sygma via Getty Images; S. 334–335: © Rob Loud / Getty Images Entertainment via Getty Images; S. 335 Monogram Multicolore ist ein Design von Takashi Murakami für Louis Vuitton; S. 336: © Lorenzo Santini / WireImage via Getty Images; S. 337: © Stephane Cardinale / Corbis Entertainment via Getty Images; S. 341 oben: © Rindoff/Dufour / French Select via Getty Images; unten: © Bridgeman Images; S. 348 links: © Edward Berthelot / Getty Images Entertainment via Getty Images; rechts © Christian Vierig / Getty Images Entertainment via Getty Images; unten: © Raimonda Kulikauskiene / Getty Images Entertainment via Getty Images; S. 349: © Christian Vierig / Getty Images Entertainment via Getty Images.
L/UNIFORM (S. 352–359): © L/UNIFORM, 2023.
MAISON MICHEL (S. 360–363): © Lucile Pierron, außer S. 360: © June Tamò-Collin.
MARC JACOBS (S. 364–365): © Jeremy Moeller / Getty Images Entertainment via Getty Images.
MICHAEL KORS (S. 366–371): © Michael Kors, 2023.
MIU MIU (S. 372–375): © Miu Miu, 2023.
MOYNAT (S. 376–383): © Archives Moynat.
OFF-WHITE (S. 384–387): © Off-White, 2023, außer S. 384: © Victor Boyko / Getty Images Entertainment via Getty Images.
OLYMPIA LE-TAN (S. 388–389): © Olympia Le-Tan, außer S. 388: © Maud Chalard © Olympia Le-Tan; S. 389 unten links: © Jenny Zemanek / Licensed by Jehane Ltd ©Olympia Le-Tan; unten rechts: © Succession Picasso 2023 © Olympia Le-Tan.
PATOU (S. 390–395): © Patou, Guillaume Henry, 2023.
PIERRE HARDY (S. 396–403): © Pierre Hardy, 2023.
PRADA (S. 404–421): © Courtesy of Prada, außer S. 405 Abb. 02: © Patrick McMullan via Getty Images; Abb. 05: © Ullstein Bild Dtl. via Getty Images.
RABANNE (S. 422–427): © Paco Rabanne, 2023, außer S. 422: © Paco Rabanne, 2023, Louise Chevallet.
ROGER VIVIER (S. 428–437): © Roger Vivier, außer S. 428: © Viv Choc pièce unique.
RSVP PARIS (S. 438–441): © RSVP, 2023, außer S. 438: Foto DR.
Saint Laurent (S. 442–443): © Edward Berthelot / Getty Images Entertainment via Getty Images.
SCHIAPARELLI (S. 444–453): © Schiaparelli, 2023.
SOEUR (S. 454–457): © Sœur, 2023.
STELLA MCCARTNEY (S. 458–459): © Edward Berthelot / Getty Images Entertainment via Getty Images.
TOD'S (S. 460–463): © Courtesy of Tod's.
VALEXTRA (S. 464–467): © Valextra, 2023.
VANESSA BRUNO (S. 468–471): © Vanessa Bruno.
ZADIG & VOLTAIRE (S. 472–475): © Zadig & Voltaire, 2023, außer S. 472: © Streetstyleshooters / German Select via Getty Images.
S. 476: © Sylvain Lefevre / Getty Images Entertainment via Getty Images.

in der Penguin Random House Verlagsgruppe GmbH
Neumarkter Straße 28 · 81673 München

Die Originalausgabe erschien unter dem Titel *Sacs*
bei Hachette-Livre (E/P/A)

Projektleitung Prestel: **Claudia Schönecker**
Projektmanagement: **Fatima Grieser**
Covergestaltung: **Luisa Klose, nach einer Vorlage von Zerozoro**
Herstellung: **Luisa Klose**
Übersetzung: **Dr. Cornelia Panzacchi, Göttingen**
Lektorat: **Beate Martin für booklab GmbH, München**
Satz: **Edgar Endl, booklab GmbH, München**
Druck und Bindung: **Leo Paper Products Ltd**

Penguin Random House Verlagsgruppe FSC® N001967

Gedruckt in China

ISBN 978-3-7913-9329-2
www.prestel.de